MÉMOIRE

SUR LES

CYPRINOÏDES DE CHINE

PAR

P. BLEEKER.

Publié par l'Académie Royale Néerlandaise des Sciences.

AVEC 14 PLANCHES.

AMSTERDAM,
CHEZ C. G. VAN DER POST.
1871.

15.90

MÉMOIRE

SUR LES

CYPRINOÏDES DE CHINE

PAR

P. BLEEKER.

Publié par l'Académie Royale Néerlandaise des Sciences.

AMSTERDAM,
CHEZ C. G. VAN DER POST.
1871.

813

MEMOIRE

SUR LES

CYPRINOÏDES DE CHINE

PAR

P. BLEEKER.

Jusqu'au commencement du siècle actuel les Cyprinoïdes de Chine n'existaient presque point pour la science. La seule espèce que l'on savait habiter ce grand empire oriental, était le Dorade de la Chine, le Carassius auratus, espèce introduite en Europe, et dont les variétés et les monstruosités furent indiquées ou décrites dans les ouvrages de Gronovius, de Bloch et de Lacepède, comme des espèces différentes. Il est vrai qu'une seconde espèce, le Cyprinus cantonensis, fut mentionnée par Osbeck, mais on ne saurait la reconnaître d'après l'indication superficielle de ses caractères, et si je la rapporte au Leuciscus idellus Val., ce n'est que sur la formule des nageoires pectorales et de l'anale (P. 21, A. 11) que je ne retrouve, parmi les Cyprinoïdes de Chine actuellement connus, que dans le Leuciscus nommé.

Lacepède, dans le cinquième volume de son Histoire naturelle des Poissons, croyant indiquer, sur des peintures chinoises, sept espèces de Cyprinoïdes, n'a réellement vu que des figures de deux espèces, le Carassius auratus et la Carpe ordinaire de Chine, laquelle, d'après les recherches de M. Günther, ne se distingue pas spécifiquement du Carpio vulgaris Rapp.

Voilà à quoi se bornait, jusqu'en l'an 1802, toute la connaissance acquise par rapport aux espèces de la famille, habitant les eaux douces du céleste empire.

Valenciennes n'en savait pas beaucoup plus que Bloch et Lacepède. Il ne fut publiée qu'en l'an 1855, observa sur nature un plus grand nombre d'espèces de Cyprins chinois qu'aucun de ses devanciers. C'est le premier travail sur ce sujet qui est exclusivement fait sur des matériaux positifs. Malheureusement les descriptions de cet auteur sont trop succinctes et trop superficielles, mais les figures qu'il y a ajoutées aident beaucoup à bien reconnaître les espèces qu'il a décrites. Ses Cyprinus chinensis et obesus sont des Carpio vulgaris et ses Carassius pekinensis, coeruleus et discolor, ainsi que ses Cyprinus auratus, macrophthalmus et quadrilobatus, des Carassius auratus. Le Gobio rivularis Bas. est un Pseudogobio, le Leuciscus argenteus Bas. un Xenocypris, le Leuciscus teretiusculus un Squaliobarbus; les Leuciscus tschiliensis et aethiops sont de vrais Leucisci; le Nasus dahuricus est un Elopichthys, le Leptocephalus mongolicus un Chanodichthys, le Cephalus mantschuricus un Hypophthalmichthys. Quant aux espèces restantes, les Abramis pekinensis et mantschuricus sont des Parabramis, et des six espèces de Culter l'alburnus, l'erythropterus et le mongolicus sont de vrais Culter, le pekinensis et l'exiguus des Pseudoculter, et le leucisculus est un Hemiculter.

Plusieurs de ces espèces, dont je donne ci-après la synonymie, ne se trouvent, ni dans les travaux de Richardson, ni dans ceux de Valenciennes.

En l'an 1864, l'Administration du Musée d'Histoire naturelle à Paris, sur l'initiatif de M. A. Aug. Duméril, me confia la détermination de quelques Cyprinoïdes, envoyés de Chine par M. Simon. L'envoi se composait de 15 espèces, dont quelques-unes avaient déjà été indiquées par mes devanciers, mais dont plusieurs étaient nouvelles pour la science. Je déposai le résultat de l'examen de ces poissons dans les Notices sur quelques genres et espèces de Cyprinoïdes de Chine, dont la publication se fit dans le second tome du Nederlandsch Tijdschrift voor de Dierkunde. Le fait le plus intéressant, constaté dans ces Notices, fut l'existence dans les fleuves de Chine d'une espèce de Carpiodes ou de Sclerognathus, que je décrivis sous le nom de Carpiodes asiaticus. Il a été reconnu depuis que le Carassius gibelioides des Notices n'est pas spécifiquement distinct du Carassius auratus, que l'Acanthobrama Simoni est un Xenocypris, que le Gobio heterodon est un Saurogobio, et que le Rasbora teretiuscula est d'un genre que M. Günther a établi sous le nom de Squaliobarbus. Puis, l'espèce que j'y ai indiqué sous le nom de Culter erythropterus Bas. me paraît maintenant d'une espèce distincte. Le Leuciscus dubius au contraire, indiqué comme espèce inédite, doit être rapporté, comme il est prouvé par des individus que j'ai sous les yeux, au Leuciscus aethiops Bas. J'établis encore, outre le genre Parabramis, dont le type est l'Abramis pekinensis Bas., les genres Paracanthobrama et Pseudolaubuca sur des espèces jusqu'alors inédites.

En 1866, M. Steindachner publia des descriptions et des figures prises sur nature de l'Hypophthalmichthys nobilis (Cephalus hypophthalmus Steind.) et du Leuciscus idellus (Ctenopharyngodon laticeps Steind.).

Un an plus tard M. Kner, dans la Zoologie du Novara, ajouta à la faune de Chine quelques espèces nouvelles sav. le Labeo cetopsis Kner, qui me paraît être un Saurogobio; l'Opsarius? elongatus Kner, qui est devenu l'Ochetobius elongatus Günth.; le Culter erythropterus Kner, que je considère d'une espèce distincte que je propose de nommer Culter Kneri; le Pseudoperilampus? ocellatus Kner, qui est le Rhodeus ocellatus Günth.; et le Pseudorasbora parva, espèce qui était déjà connue du Japon. Les autres espèces, énumérées par M. Kner, sont le Carassius Langsdorfii Val. (Carassius auratus Blkr), l'Hypophthalmichthys mandschuricus Kner (= H. nobilis Blkr) le Tylognathus sinensis Kner (= Pseudogobio rivularis Blkr), le Sarcocheilichthys teretiusculus Kner (= Squaliobarbus curriculus Günth.), le Barilius (Opsarius) bambusa Kner (= Elopichthys bambusa Blkr), le Culter pekinensis Kner (= Parabramis pekinensis Blkr), le Culter alburnus Kner (= Culter recurviceps Gthr) et le Culter leucisculus (= Hemiculter leucisculus Blkr?).

M. Günther, dans le septième volume du Catalogue of Fishes, contribua de nouveau aux connaissances acquises, tant par la détermination rigoureuse de plusieurs espèces insuffisamment caractérisées et mal comprises par ses devanciers, que par l'indication et la description de plusieurs espèces inédites. sav. Cirrhina chinensis Günth. (Mrigala sinensis Blkr), Barbus fasciolatus Günth. p. 140 nec Barbus fasciolatus p. 108 (= Puntius (Capoëta) Güntheri Blkr), Aphyocypris chinensis Günth., Xenocypris argentea Günth., Achilognathus imberbis Günth. (= Parachilognathus imberbis Blkr), Rhodeus sinensis Günth. et Aspius spilurus Günth.

Enfin M. Steindachner, dans un article intitulé: »Ueber eine neue Gattung und Art der Cyprinoïden aus China" publié dans les Sitzungsberichte der kaiserlichen Akademie der Wissenschaften de l'an 1869 (Tom. 60 p. 502), décrivit un Cyprinoïde de Chine sous le nom de Abramocephalus microlepis, espèce qui est manifestement du genre Hypophthalmiehthys et voisine de l'Hypophthalmichthys molitrix.

Dans les derniers temps le Musée d'Histoire naturelle à Paris a été enrichi de nouveau par des envois de poissons de Chine faits par M.M. Dabry et l'abbé David. M. A. Aug. Duméril m'ayant invité à examiner aussi les Cyprinoïdes de ces envois, j'ai pu élargir encore la liste, déjà assez longue, des espèces de cette famille qui habitent le Céleste empire. J'y ai trouvé, comme espèces inédites, les suivantes: Puntius (Barbodes) sinensis, Hemibarbus maculatus, Hemibarbus dissimilis, Saurogobio Dumerili, Saurogobio Dabryi, Rhinogobio typus, Sarcochilichthys sinensis, Gymnostomus macrolepis, Acanthorhodeus macropterus, Acanthorhodeus Guichenoti, Acanthorhodeus hypselonotus, Luciobrama typus, Xenocypris macrolepis, Xenocypris tapeinosoma, Xenocypris Davidi, Xenocypris microlepis, Pseudobrama Dumerili, Culter ilishaeformis, Culter Dabryi, Culter hypselonotus, Culter oxycephalus, et enfin le Barilius acutipinnis, que M. Guichenot avait déjà nommé et étiquetté Opsariichthys acutipinnis. C'est donc une augmentation de 21 espèces.

L'exposé que je viens de faire prouve la richesse de Chine en espèces de la grande famille des Cyprinoïdes et il fait supposer, eu égard aux recherches encore fort bornées qui ont eu lieu jusqu'ici, que des explorations ultérieures fassent connaître encore beaucoup d'autres espèces.

En attendant il paraît utile de résumer les connaissances acquises. Voici la liste des espèces actuellement connues ou indiquées. Celles qui ne sont décrites que sur des peintures chinoises et dont l'affinité ou la synonymie restent douteuses, sont marquées d'un *,

1. *Carpiodes asiaticus* Blkr, Not. Cypr. Chin. Ned. T. Dierk. II p. 19.
Syn. Sclerognathus asiaticus Gthr, Cat. Fish. VII p. 23.
Hab. Sina.

2. *Carpio vulgaris* Rapp., Bodensee-Fische p. 5.
Syn. specim. sinens. sec. cl. Günther.
Cyprinus rubro-fuscus Lac., Poiss. V p. 530 tab. 16 fig. 1; Val., Hist. Poiss. XVI p. 54; Rich., Rep. Ichth. Chin. Rep. 15h Meet. Brit. Assoc. p. 288.
Cyprinus nigro-auratus Lac., Poiss. V p. 547 tab. 16 fig. 2; Val., l. c. XVI p. 53; Rich., l. c. p. 290.
Cyprinus viridi-violaceus Lac., l. c. V p. 547 tab. 16 fig. 3; Val., l. c. XVI p. 55; Rich., l. c. p. 288.

Cyprinus atrovirens, flammans, acuminatus, sculponeatus Rich., l. c. p. 287—290.

Cyprinus chinensis Basil., Ichth. Chin. bor., Nouv. Mém. Soc. Nat. Moscou X p. 227 tab. 2 fig. 3.

Cyprinus obesus Basil., l. c. p. 228 tab. 1 fig. 2 (et fig. 2 tab. 5 ead. spec.).

Cyprinus hybiscoides Rich., l. c. p. 289.

Hab. Canton, Pekin.

3. *Carpio fossicola* Blkr.

Syn. Cyprinus (?) fossicola (Gray), Rich., l. c. p. 291.

Cyprinus fossicola Günth., Cat. Fish. VII p. 28.

Hab. Canton.

4. *Carassius auratus* Blkr, Ichth. Arch. ind. Prodr. II Cypr. p. 255.

Synon. speciminum sinensium auctorum.

Cyprinus lineatus Val., Poiss. XVI p. 70?

Cyprinus Langsdorfii Val., l. c. p. 74 sec. icon.; Kner, Zool. Novar. Fisch. p. 346.

Cyprinus gibelioides Cant., Ann. Mag. Nat. Hist. 1842, IX p. 485; Rich., l. c. p. 292.

Cyprinus carassioides (Gray) Rich., l. c. p. 291.

Cyprinus abbreviatus Rich., l. c. p. 292.

Cyprinus auratus L., Rich. l. c. p. 293; Basil. l. c. p. 229 tab. 5 fig. 4.

Carassius pekinensis, coeruleus, discolor Basil., l. c. p. 229 tab. 3 fig. 3, tab. 9 fig. 2.

Cyprinus macrophthalmus Bl., Basil., l. c. p. 230.

Cyprinus quadrilobatus Basil., l. c. p. 230 tab. 5 fig. 5 (et fig. 1, 3).

Carassius gibelioides Blkr, Notic. Cypr. Chin. l. c. p. 19.

Hab. Canton, Ning-po, Shanghai, Macao, Tse-kiang, Yang-tse-kiang flum., Pekin.

5. *Mrigala sinensis* Blkr.

Syn. Cirrhina sinensis Günth., Cat. Fish. VII p. 37.

Hab. Sina.

6. *Gymnostomus (Gymnostomus) macrolepis* Blkr.
Hab. Yang-tse-kiang flum.?

7*. *Gymnostomus? molitorella* Blkr.
Syn. Leuciscus molitorella Val., l. c. XVII p. 267; Rich., Ichth. Chin. l. c. p. 296.
Labeo molitorella Günth., Cat. Fish. VII p. 47.
Hab. Canton.

8. *Saurogobio Dabryi* Blkr.
Hab. Yang-tse-kiang flum.?

9. *Saurogobio Dumerili* Blkr.
Hab. Yang-tse-kiang flum.

10. *Saurogobio? cetopsis* Blkr.
Syn. Labeo cetopsis Kner, Zool. Novar. Fisch. p. 351 tab. 15 fig. 2.
Barbus cetopsis Günth., Cat. Fish. VII p. 135.
Hab. Shanghai.

11. *Saurogobio heterodon* Blkr.
Syn. Gobio heterodon Blkr, Not. Cypr. Chin. l. c. p. 26.
Hab. Sina.

12. *Pseudogobio rivularis* Blkr.
Syn. Gobio rivularis Basil., Ichth. Chin. bor. l c. p. 231.
Gobio sinensis Blkr, Not. Cypr. Chin. l. c. p. 26?
Tylognathus sinensis Kner, l. c. p. 354 tab. 15 fig. 5.
Pseudogobio sinensis Günth., Cat. Fish. VII p. 175.
Hab. Sina boreal., Shanghai.

13. *Rhinogobio typus* Blkr.
Hab. Yang-tse-kiang flum.

14. *Sarcochilichthys sinensis* Blkr.
Hab. Yang-tse-kiang flum.

15. *Rhodeus ocellatus* Günth., Cat. Fish. VII p. 280.
Syn. Pseudoperilampus? ocellatus Kner, Zool. Novar. Fisch. p. 365 tab. 15 fig. 6.
Hab. Shanghai, Yang-tse-kiang fl.

16. *Rhodeus sinensis* Günth., Cat. Fish. VII p. 280.
Hab. Yang-tse-kiang fl.?; Tji-kiang.

17. *Parachilognathus imberbis* Blkr.
Syn. Achilognathus imberbis Günth., Cat. Fish. VII p. 278.
Hab. Yang-tse-kiang fl.

18. *Acanthorhodeus macropterus* Blkr.
Hab. Yang-tse-kiang fl.

19. *Acanthorhodeus Guichenoti* Blkr.
Hab. Yang-tse-kiang fl.

20. *Acanthorhodeus hypselonotus* Blkr.
Hab. Yang-tse-kiang fl.

21*. *Puntius* (*Barbodes*) *deauratus* Blkr.
Syn. Barbus deauratus Val. sec. Rich. Ichth. Chin. l. c. p. 294.
Hab. Canton.

22. *Puntius* (*Barbodes*) *sinensis* Blkr.
Hab. Yang-tse-kiang flum.?

23. *Puntius* (*Capoëta*) *Güntheri* Blkr.
Syn. Barbus fasciolatus Günth., Cat. Fish. VII. p. 140 (nec p. 108).
Hab. Sina.

24. *Hemibarbus maculatus* Blkr.
Hab. Yang-tse-kiang flum.

25 *Hemibarbus dissimilis* Blkr.
Hab. Yang-tse-kiang flum.

26. *Leuciscus aethiops* Bas. l. c. p. 233 tab. 6, fig. 1; Günth., Cat. Fish. VII. p. 212.
Syn. Chanodichthys? aethiops Blkr, Ichth. Arch. ind. Prodr. II Cypr. p. 282.
Leuciscus dubius Blkr, Notic. Cypr. Chin. l. c. p. 19.
Hab. Yang-tse-kiang flum.; Pekin.

27. *Leuciscus idellus* Val., Poiss. XVII p. 270; Rich., Rep. Ichth. Chin. l. c. p. 257.
Syn. Cyprinus cantonensis Osb., Itin p. 155; Bl. Schn., Syst. posth. p. 447?
Leuciscus tschiliensis Basil., Ichth. Chin. bor. l. c. p. 233.
Rasbora? tschiliensis Blkr, Ichth. Arch. ind. Prodr. II Cypr. p. 286.
Ctenopharyngodon laticeps Steind., Ichth. Mitth. IX, Verh. zool. bot. Gesellsch. Wien 1866, p. 782, tab. 18, fig. 1—5.
Ctenopharyngodon idellus Günth., Cat. Fish. VII p. 261.
Leuciscus Mertensii Guich., Mus. Paris.
Hab. Yang-tse-kiang fl.; Canton; Sinus Tschiliens.

28*. *Leuciscus fintella* Val., Poiss. XVII p. 265; Rich., Ichth. China l. c. p. 296.
Hab. Sina.

29*. *Leuciscus rosetta* Val., Poiss. XVII p. 265; Rich., Ichth. China l. c. p. 295.
Hab. Sina.

30*. *Leuciscus cupreus* Val., Poiss. XVII p. 265; Rich., Ichth. China l. c. p. 300.
Hab. Sina.

31* *Leuciscus aeneus* Val., Poiss. XVII p. 269; Rich., Ichth. Chiua l. c. p. 300.
Hab. Sina.

32*. *Leuciscus vandella* Val., Poiss. XVII p. 270; Rich., Ichth. Chin. l. c. p. 299.
Hab. Canton.

33*. *Leuciscus piceus* Rich., Rep. Ichth. Chin. l. c. p. 298.
Hab. Canton.

34*. *Leuciscus hemistictus* Rich., Ichth. Chin. l. c. p. 296.
Hab. Canton.

35. *Pseudorasbora parva* Blkr, Ichth. Arch. ind. Prodr. II Cypr. p. 285; Kner, Zool. Novar. Fisch. p. 355; Günth., Cat. Fish. VII p. 186.
Syn. Leuciscus parvus et pusillus Schl., Faun. Jap. Poiss. p. 215, 216, tab. 102 fig. 3, 4.
Pseudorasbora pusilla Blkr, l. c. p. 285.
Opsarius parvus Kner, Zool. Novar. Fisch. tab. 16 fig. 3.
Hab. Shanghai, Tji-kiang.

36. *Luciobrama typus* Blkr.
Hab. Yang-tse-kiang fl.?

37. *Elopichthys bambusa* Blkr, Ichth. Arch. ind. Prodr. II. Cypr. p. 286; Günth., Cat. Fish. VII p. 320.
Syn. Leuciscus bambusa Rich., Ichth. Voy. Sulphur p. 141, tab. 63 fig. 2; Ichth. Chin. l. c. p. 299.
?Nasus dahuricus Basil., Ichth. Chin. bor. l. c. p. 234, tab. 7 fig. 1.
Elopichthys dauricus Blkr, Ichth. Arch. ind. Prodr. II Cypr. p. 286.
Barilius (Opsarius) bambusa Kner, Zool. Novar. Fisch. p. 357.
Hab. Canton, Shanghai, Sina borealis.

38. *Aspius spilurus* Günth., Cat. Fish. VII p. 311
Hab. Sina.

39. *Ochetobius elongatus* Günth., Cat. Fish. VII p. 298.
Syn. Opsarius? elongatus Kner, Zool. Novar. Fisch. p. 358, tab. 15 fig. 1.
Hab. Shanghai.

40. *Squaliobarbus curriculus* Günth., Cat. Fish. VII p. 297.
Syn. Leuciscus curriculus Rich., Ichth. Chin. l. c. 299.
Leuciscus teretiuseulus Bas., Ichth. Chin. bor. l. c. p. 232, tab. 4 fig. 1.
Rasbora curricula Blkr, Ichth. Arch. ind. Prodr. II p. 286.
Rasbora teretiuscula Blkr, Not. Cypr. Chin. l. c. p. 26.
Sarcochilichthys teretiusculus Kner, Zool. Novar. Fisch. p. 356.
Hab. Ningpo, Kiu-kiang-lac.; Yang-tse-kiang flum., Canton; Sina boreal.; Shanghai.

41. *Aphyocypris chinensis* Günth., Cat. Fish. VII p. 201.
Hab. Tji-kiang.

42. *Paracanthabrama Guichenoti* Blkr, Notic. Cyprin. Chin. l. c. p. 23; Günth., Cat. Fish. VII p. 206.
Hab. Sina.

43. *Pseudobrama Dumerili* Blkr.
Syn.* Leuciscus chevanella Val., Poiss. XVII p. 267; Rich., Ichth. Chin. l. c. p. 295??
* Leuciscus xanthurus Rich., Ichth. Chin. l. c. p. 298??
Hab. Yang-tse-kiang flum.?

44. *Xenocypris argentea* Günth., Cat. Fish. VII p. 205.
Hab. Sina?

45. *Xenocypris Simoni* Blkr.
Syn. Acanthobrama Simoni Blkr, Not. Cypr. Chin. l. c. p. 25.
Hab. Sina.

46. *Xenocypris macrolepis* Blkr.
Syn. Leuciscus argenteus Bas., Ichth. Chin. bor. l. c. p. 232?
Hab. Yang-tse-kiang flum.; Pekin.

47. *Xenocypris tapeinosoma* Blkr.
* Syn. Leuciscus jesella Val., Poiss. XVII p. 269; Rich., Ichth. Chin. l. c. p. 298??
Hab. Yang-tse-kiang flum.

48. *Xenocypris Davidi* Blkr.
Hab. Yang-tse-kiang flum.?

49. *Xenocypris microlepis* Blkr.
Hab. Yang-tse-kiang fl.

50* *Xenocypris? plena* Blkr.
Syn. Leuciscus plenus Brouss. Mss. Rich., Ichth. Chin. l. c. p. 299.
Hab. Canton.

51* *Xenocypris? homospilotus* Blkr.
Syn. Leuciscus homospilotus Rich., Ichth. Chin. l. c. p. 300.
Hab. Canton.

52. *Chanodichthys mongolicus* Blkr, Ichth. Arch. ind. Prodr. II Cypr. p. 400; Günth., Cat. Fish. VII p. 325.
Syn. Leptocephalus mongolicus et mongolensis Basil., Ichth. Chin. bor. l. c. p. 234 tab. 4 fig. 2.
Hab. Sina boreal.

53. *Culter recurviceps* Blkr, Ichth. Arch. ind. Prodr. II p. 297; Günth., Cat. Fish. VII p. 328.
Syn. Leuciscus recurviceps Rich., Ichth. Chin. l. c. p. 295.
Culter alburnus Bas., Ichth. Chin. bor. l. c. p. 236 tab. 8 fig. 3; Blkr, Ichth. Arch. ind. Prodr. II p. 296; Kner, Zool. Novar. Fisch. p. 362.
Hab. Canton, Shanghai, Sina boreal.

54. *Culter erythropterus* Bas., Ichth. Chin. bor. l. c. p. 236 tab. 8 fig. 1; Blkr, Ichth. Arch. ind. Prodr. II Cypr. p. 296.
Hab. Sina boreal.

55. *Culter brevicauda* Günth., Cat. Fish. VII p. 329.
Hab. Yang-tse-kiang flum.

56. *Culter ilishaeformis* Blkr.
Syn. Culter erythropterus Blkr, Not. Cypr. Chin. l. c. p. 27?
Hab. Yang-tse-kiang fl.

57. *Culter Dabryi* Blkr.
Hab. Yang-tse-kiang fl.

58. *Culter hypselonotus* Blkr.
Syn. Culter mongolicus Bas., Ichth. Chin. bor. l. c. p. 237?
Hab. Yang-tse-kiang flum.; Sina bor.

59. *Culter oxycephalus* Blkr.
Hab. Yang-tse-kiang fl.

60. *Culter Kneri* Blkr.
Syn. Culter erythropterus Kner, Zool. Novar. Fisch. p. 360, tab. 14 fig. 4.
Hab. Shanghai.

61. *Pseudoculter pekinensis* Blkr, Ichth. Arch. ind. Prodr. I Cypr. p. 282 (nec Kner).
Syn. Culter pekinensis Bas., Ichth. Chin. bor. l. c. p. 237.
Hab. Sina boreal.

62. *Pseudoculter exiguus* Blkr, Ichth. Arch. ind. Prodr. II. Cypr. p. 282.
Syn. Culter exiguus Bas., Ichth. Chin. bor. l. c. p. 237.
Hab. Sina borealis.

63. *Parabramis bramula* Blkr.
Syn. Leuciscus bramula Val., Poiss. XVII p. 266.
Leuciscus rhomboidalis Val., ibid. p. 59?
Abramis bramula Rich., Ichth. Chin. l. c. p. 294.
Abramis rhomboidalis Rich., ibid. p. 294?
Abramis terminalis Rich., ibid. p. 294?
Abramis mantschuricus Bas., Ichth. Chin. bor. l. c. p. 239?
Rohtee bramula Blkr, Ichth. Arch. ind. Prodr. II Cypr. p. 281.
Chanodichthys bramula Günth., Cat. Fish. VII p. 327.
Chanodichthys terminalis Günth., ibid. p. 327?
Hab. Yang-tse-kiang flum., Canton, Sina borealis.

64. *Parabramis pekinensis* Blkr, Not. Cypr. Chin. l. c. p. 22.
Syn. Abramis pekinensis Bas., Ichth. Chin. bor. l. c. p. 239 tab. 6 fig. 2.
Acanthobrama pekinensis Blkr, Ichth. Arch. ind. Prodr. II p. 289, 399.
Culter pekinensis Kner, Zool. Novar. Fisch. p. 360 tab. 14 fig. 3.
Chanodichthys pekinensis Günth., Cat. Fish. VII p. 327.
Hab. Yang-tse-kiang fl., Sina borealis, Shanghai.

65. *Hemiculter leucisculus* Blkr, Ichth. Arch. ind. Prodr. II Cypr. p. 401.
Syn.* Leuciscus acutus Brouss. Mss.; Rich., Ichth. Chin. l. c. p. 297? Günth., Cat. Fish. VII p. 329?
Leuciscus acutirostris Gr., Cat. Brit. Mus.
Culter leucisculus Bas., Ichth. Chin. bor. l. c. p. 238.
Culter leucisculus Kner, Zool. Novar. Fisch. p. 362?
Chanodichthys leucisculus Günth., Cat. Fish. VII p. 327.
Hab. Yang-tse-kiang flum., Sina boreal.

66* *Hemiculter? machaeroides* Blkr.
Syn. Leuciscus machaeroides Rich., Ichth. China l. c. p. 297; Günth., Cat. Fish. VII p. 330.
Hab. Canton.

67. *Barilius (Barilius) acutipinnis* Blkr.
Syn. Opsariichthys acutipinnis Guich.
Hab. Yang-tse-kiang fl.

68. *Pseudolaubuca sinensis* Blkr, Not. Cypr. Chin. l. c. p. 29; Günth., Cat. Fish. VII p. 339.
Hab. Sina.

69. *Hypophthalmichthys molitrix* Blkr, Ichth. Arch. ind. Prodr. II p. 283; Günth., Cat. Fish. VII p. 298.
Syn. Leuciscus molitrix Val., Poiss. XVII p. 268; Rich., Ichth. Chin. l. c. p. 295.
Leuciscus hypophthalmus Gray, Rich., Ichth. Voy. Sulph. p. 139 tab. 63 fig. 1.
Cephalus mantschuricus Bas., Ichth. Chin. bor. l. c. p. 235 tab. 7 fig. 3.

Hypopthalmichthys mantschuricus Blkr, Ichth. Arch. ind. Prodr. II Cypr. p. 283.
Hypophthalmichthys Dabryi Guich., Mus. Paris.
Hab. Yang-tse-kiang flum., Sina boreal.

70. ***Hypophthalmichthys nobilis*** Blkr, Ichth. Arch. ind. Prodr. II Cypr. p. 283; Günth., Cat. Fish. VII p. 299.
Syn. Leuciscus nobilis Gray, Rich., Ichth. Sulph. p. 140 tab. 63 fig. 3; Ichth. Chin. l. c. p. 295.
Cephalus hypophthalmus Steind., Verb. zoöl. bot. Ges. Wien 1866, p. 383 tab. 4.
Hypophthalmichthys mandschuricus Kner, Zool. Nov. Fisch. p. 350.
Hypophthalmichthys Simoni Guich., Mus. Paris.
Hab. Yang-tse-kiang flum., Shanghai.

71. ***Hypophthalmichthys microlepis*** Blkr.
Syn. Abramocephalus microlepis Steind., Ichth. Notiz. IX Sitz. ber. Kias. Akad. Wissensch. 1869 Bd. LX p. 302.
Hab. Sina.

Bien qu'il soit probable qu'on ne connaît pas jusqu'ici la moitié des espèces de Cyprinoïdes de Chine, celles qui font partie de la science sont déjà assez nombreuses pour qu'on puisse se former une idée des traits les plus caractéristiques de la faune cyprinologique de ce grand empire. C'est une faune qui se distingue par toutes ses espèces de celle de l'Asie méridionale et de l'Inde archipélagique, et ce ne sont pas seulement les espèces qui sont distinctes, mais aussi presque tous les genres. L'on ne retrouve dans l'Asie méridionale et l'Inde archipélagique que les genres Mrigala, Gymnostomus, Barilius et Puntius. La faune cyprinologique de Chine porte manifestement un cachet septentrional. Les Carpionini et les Leuciscini y prédominent, et ces derniers montrent même une grande analogie avec ceux de l'Europe, quoiqu'ils se distinguent généralement par la dentition et par l'épine osseuse de la nageoire dorsale. Il est démontré maintenant que la faune cyprinologique du Japon partage, quant aux types génériques, de celle de l'Amérique et de Chine. Les Pseudopérilampes du Japon représentent les Acanthorhodeus de Chine. Le Japon a de commun avec la Chine, comme aussi avec tout l'ancien monde septentrional, les genres Carpio et Carassius, et l'on retrouve en Chine les genres Parachilognathus, Pseudorasbora, Pseudogobio, Hemibarbus et Sarcochilichthys, que l'on ne savait habiter, jusqu'à il y quelques années, que les eaux douces du Japon. La présence dans les fleuves de Chine, de Catostomini, que l'on savait du reste déjà habiter la Sibérie orientale, indique un lien de plus entre la faune d'eau douce des deux grands continents.

Les genres qui semblent être propres à la Chine sont les Saurogobio, Rhinogobio, Acanthorhodeus, Squaliobarbus, Ochetobius, Elopichthys, Aphyocypris, Paracanthobrama, Luciobrama, Xenocypris, Pseudobrama, Chanodichthys, Culter, Pseudoculter, Hemiculter, Parabramis, Pseudolaubuca et Hypophthalmichthys.

Je ne traite pas, dans ce mémoire, des Cobitioïdes, qui, pour moi, forment une famille distincte des Cyprinoïdes. Je note seulement que la Chine doit être assez riche en espèces de Loches. Il est vrai que jusqu'ici il n'y a introduites dans la science que cinq espèces, sav.: Misgurnus anguillicaudatus Günth. (= Cobitis anguillicaudata, bifurcata et pectoralis McCl. = Cob. psammismus Rich. = Cobitis decemcirrhosus Basil.), Misgurnus dichachrous Günth., Misgurnus polynema Günth., Nemachilus nudus Blkr et Oreonectes platycephalus Günth., mais à ces espèces j'ai pu ajouter encore le Botia elongata Blkr, dont j'ai présenté le description et la figure à l'Académie royale des Sciences à Amsterdam, tandis que les envois de MM. Dabry et l'abbé David contiennent encore quelques autres espèces, que M. Guichenot à déjà indiquées sous les noms de Parabotia rubrilabris, fasciolatus et taeniops, de Paramisgurnus Dabryanus, de Misgurnus maculatus et spilurus et de Cobitis poecilopleura et macrostigma, espèces qui, en partie au moins, sont inédites et que probablement M. Guichenot ne tardera pas à publier.

Puntius (*Barbodes*) *sinensis* Blkr. Tab. III fig. 2.

Punt. (Barbod.) corpore oblongo compresso, altitudine 5 circ. in ejus longitudine absque -, $3\frac{5}{6}$ circiter in ejus longitudine cum pinna caudali; latitudine corporis $2\frac{3}{5}$ circ. in ejus altitudine; capite acutiusculo $4\frac{2}{3}$ circ. in longitudine corporis absque -, 5 circiter in longitudine corporis cum pinna caudali; altitudine capitis $1\frac{1}{4}$ circiter -, latitudine capitis $1\frac{1}{4}$ ad $1\frac{1}{3}$ in ejus longitudine; oculis diametro $3\frac{1}{2}$ circ. in longitudine capitis, $1\frac{3}{5}$ circ. in ca-

BIBLIOTHÈQUE NATIONALE

pitis parte postoculari, diametro $1\frac{1}{2}$ circ. distantibus; membrana palpebrali iridis marginem externum tantum tegente; fronte inter oculos convexiuscula; rostro oculo non vel vix longiore; naribus ante pupillae partem superiorem perforatis, posterioribus anterioribus majoribus valvula claudendis; osse suborbitali anteriore irregulariter quadrangulari marginibus antero-superiore et postero-inferiore concavis, margine antero-inferiore longiore convexo; ossibus suborbitalibus 2° et 3° humillimis multo longioribus quam latis; maxilla superiore verticaliter deorsum protractili, vix ante oculum desinente, $3\frac{1}{3}$ circ. in longitudine capitis; maxilla inferiore maxilla superiore breviore, plana symphysi non hamata; labiis mediocribus; sulco infralabiali non usque ad symphysin producto; cirris gracilibus supramaxillaribus quam rostralibus longioribus oculo vix brevioribus; operculo minus duplo altiore quam lato margine inferiore rectiusculo; apertura branchiali sub praeoperculi parte posteriore desinente; dentibus pharyngealibus triseriatis subuncinato-contusoriis 2.3.5/5.3.2; osse scapulari obtuse rotundato; linea dorsali angulata; ventre post ventrales non carinato; cauda parte libera aeque longa ac postice alta; squamis parte libera et parte basali longitudinaliter striatis, 32 in linea laterali, 8 vel 9 in serie transversali pinnam dorsalem inter et ventralem quarum 5 ($4\frac{1}{2}$) dorsalem inter et lineam lateralem, 12 circ. in serie longitudinali occiput inter et pinnam dorsalem; squamis gulo-ventralibus longitudinaliter pluriseriatis postrorsum magnitudine accrescentibus; linea laterali leviter curvata ventralibus sat multo magis quam dorsali approximata, singulis squamis tubulo simplice mediam squamam attingente notata; pinna dorsali apici rostri paulo magis quam basi pinnae caudalis approximata, basi vagina squamosa inclusa, corpore non multo minus duplo humiliore, aeque alta circiter ac basi longa, angulis acuta, vix emarginata, radio postico radio 1° non multo breviore, spina 3ª mediocri valida capite absque rostro non breviore postice inferne edentula medio denticulis minimis scabra; pinnis pectoralibus acutis capite paulo brevioribus ventrales non attingentibus; ventralibus sub media pinna dorsali insertis pectoralibus non brevioribus analem non attingentibus; anali mox post anum incipiente, basi squamosa, dorsali duplo breviore sed non humiliore, plus duplo altiore quam basi longa, acuta, non emarginata, radio simplice 3° gracili cartilagineo; caudali lobis acutis $4\frac{1}{4}$ circ. in longitudine corporis; colore corpore superne olivaceo, inferne argenteo; squamis dorso lateribusque singulis basi vittula subsemilunari transversa violascente; iride flava; pinnis roseis vel flavescentibus membrana fusco plus minusve arenatis.

B. 3. D. 3/9 vel 3/10. P. 1/16. V. 2/9. A. 3/5 vel 3/6. C. 9/17/7 lat. brev. incl.
Hab. Yang-tse-kiang flum.?
Longitudo speciminis unici 255'''.

Rem. Je ne retrouve pas cette espèce dans les auteurs. Elle me paraît être fort voisine du Puntius (Barbodes) carnaticus Day, mais celui-ci a les yeux plus petits, le museau plus long et de 25 à 29 écailles dans la ligne latérale. Le sinensis a la forme de la dorsale et de l'anale assez caractéristique, mais les descriptions du carnaticus ne parlant de ces nageoires que fort superficiellement, je ne saurais rien décider par rapport aux différences qui pourraient exister entre les nageoires des deux espèces. Du reste les descriptions de M. Day et de M. Günther rendent fort différemment les caractères du carnaticus et font plutôt penser à des espèces distinctes. En tout cas il est peu probable qu'une espèce des Bowani et Segoor se retrouvât dans les fleuves septentrionaux de la. Chine.

L'espèce actuelle mérite aussi d'être comparée au Barbus deauratus Val. de Cochinchine. On ne connaît cette espèce que par la description peu détaillée de la grande Histoire naturelle des Poissons, où il est dit qu'il y a 29 écailles le long du côté, que le rayon de la nageoire dorsale est grêle et que le museau est obtus.

Richardson cite le deauratus aussi de Canton, mais seulement d'après un dessin, où le dos du poisson est dit être marqué de six ou sept grandes taches brunâtres. Cette espèce pourrait donc bien être, elle aussi, distincte du deauratus, mais dans la notice de Richardsou il n'est parlé que des couleurs, sans aucuns autres détails. Cette notice indique toutefois que la Chine méridionale aussi nourrit au moins une espèce de Puntius du sous-genre Barbodes.

Hemibarbus maculatus Blkr. Tab. IV, fig. 3.

Hemibarb. corpore oblongo compresso, altitudine $4\frac{1}{4}$ ad 4 in ejus longitudine absque -, 5 et paulo ad 5 in ejus longitudine cum pinna caudali; latitudine corporis $1\frac{4}{5}$ ad $1\frac{5}{6}$ in ejus altitudine; capite subconico acutiusculo, 4 circ in longitudine corporis cum pinna caudali; altitudine capitis 1 circ. -, latitudine capitis 2 fere in ejus longitudine; oculis diametro $3\frac{1}{2}$ ad 4 in

11*

longitudine capitis, diametro $1\frac{3}{4}$ ad $1\frac{1}{2}$ in capitis parte postoculari, diametro 1 circ. distantibus; membrana palpebrali iridem minima parte tantum tegente; fronte inter oculos planiuscula; rostro conico convexiusculo paulo prominente oculo longiore; naribus ante pupillae partem superiorem perforatis, posterioribus quam anterioribus majoribus valvula claudendis; osse suborbitali anteriore irregulariter pentagono apice antrorsum spectante, multo minus duplo longiore quam alto, dimidio inferiore crista longitudinali elevata undulata; osse suborbitali 2° elevato aeque alto circ. ac longo medio crista longitudinali elevata undulata; osse suborbitali 3° quam 2° multo graciliore antice quam postice multo latiore crista longitudinali elevata undulata percurso; maxilla superiore ante oculum desinente, $3\frac{1}{4}$ ad $3\frac{1}{3}$ in longitudine capitis, verticaliter deorsum protractili; maxilla inferiore plana symphysi non hamata, ramis horizontalibus medio depressis ore clauso margine interno recto contiguis; labiis teretibus, inferiore postice membranaceo; sulco infralabiali symphysin fere attingente; rictu infero ore clauso formam ferri equini referente; cirris gracilibus oculo brevioribus; praeoperculo obtuse rotundato, limbo marginem externum inter et internum depresso; operculo minus duplo altiore quam lato, margine inferiore rectiusculo vel concaviusculo; apertura branchiali non usque sub oculo producta; dentibus pharyngealibus triseriatis 1.3.5/5.3.1, serie longiore 5 subuncinato-cochleariformibus, ceteris omnibus conicis obtusis vel obtusiusculis; osse scapulari triangulari apice rotundato; linea dorsali angulata; dorso carnoso non carinato; ventre post ventrales non carinato; squamis parte libera radiatim striatis, 48 in linea laterali, 11 in serie transversali spinam dorsalem inter et lineam lateralem; squamis 14 vel 15 in serie longitudinali occiput inter et spinam dorsalem; squamis gulo-ventralibus longitudinaliter pluriseriatis postrorsum magnitudine accrescentibus; linea laterali antice declivi tunc rectiuscula, singulis squamis tubulo brevi simplice notata; pinna dorsali basi alepidota, corpore non vel vix humiliore, multo altiore quam basi longa, acuta, vix emarginata, spina valida laevi capite non vel vix breviore; pinnis pectoralibus lineae ventrali approximatis acutis capite absque rostro longioribus ventrales non attingentibus; ventralibus sub media dorsali insertis, obtuse rotundatis, pectoralibus brevioribus; anali mox post anum incipiente, basi vagina squamosa humili inclusa, acuta, non emarginata, dorsali multo humiliore et breviore, radio simplice tertio cartilagineo; caudali profunde incisa lobis acutis subaequalibus 5 circiter in longitudine totius corporis; colore corpore superne roseo-viridi

vel olivascente, inferne argenteo; iride flavescente; pinnis roseis; dorso, lateribus pinnisque dorsali et caudali maculis sparsis parvis irregularibus nigris, dorsalibus ceteris majoribus.
B. 3. D. 3/7 vel 3/8. P. 1/17 vel 1/18. V. 2/8. A. 3/6 vel 3/7. C. 6/17/6. lat. brev. incl.
Hab. Yang-tse-kiang flum.
Longitude 2 speciminum 265‴ et 315‴.

Rem. Cette espèce se fait reconnaître au premier coup d'oeil par les taches irrégulières et noires du dos, des flancs et des nageoires dorsale et caudale. Sa physionomie générale du reste est celle du Hemibarbus barbus du Japon, mais elle a l'épine dorsale relativement plus longue et beaucoup plus robuste et un nombre moindre de rangées longitudinales d'écailles au-dessus de la ligne latérale.

Hemibarbus dissimilis Blkr, Tab. VI fig. 1.

Hemibarb. corpore oblongo compresso, altitudine $3\frac{1}{3}$ ad $3\frac{2}{5}$ in ejus longitudine absque -, $4\frac{1}{5}$ ad $4\frac{1}{4}$ in ejus longitudine cum pinna caudali; latitudine corporis $2\frac{2}{3}$ ad $2\frac{1}{2}$ in ejus altitudine; capite subconico acutiusculo $4\frac{4}{5}$ circ. in longitudine corporis absque-, 6 circ. in longitudine corporis cum pinna caudali; altitudine capitis $1\frac{2}{5}$ ad $1\frac{1}{2}$ -, latitudine capitis 2 fere ad $1\frac{3}{4}$ in ejus longitudine; oculis diametro 4 circ. in longitudine capitis, diametro 2 circ. in capitis parte postoculari, diametro 1 et paulo distantibus, membrana palpebrali iridem minima parte tantum tegente; fronte inter oculos planiuscula; rostro conico apice truncatiusculo paulo prominente, oculo non longiore; naribus ante oculi partem superiorem perforatis posterioribus quam anterioribus majoribus valvula claudendis; osse suborbitali anteriore pentagono altiore quam longo, apice sursum spectante; osse suborbitali 2° irregulariter quadrangulari antice quam postice altiore; osse suborbitali 3° valde gracili plus triplo longiore quam lato; maxilla superiore verticaliter deorsum protractili vix ante oculum desinente, 4 ad $3\frac{3}{4}$ in longitudine capitis; maxilla inferiore plana symphysi non hamata, ramis horizontalibus medio non depressis oro clauso postice et antice convergentibus; labiis teretibus, inferiore postice membranaceo; sulco infralabiali circa symphysin continuo; rictu infero ore clauso formam ferri equini referente; cirris gracilibus oculo non vel vix longioribus; praeoperculo obtuse rotundato limbo marginem externum inter et internum vix depresso; operculo minus duplo altiore quam lato, margine inferiore convexiusculo vel rectiusculo; apertura branchiali sub praeoperculi parte posteriore desinente; dentibus pharyngealibus triseriatis vel biseriatis 1.2.5/5.2.1 vel 1.3.5/5.3.1 vel 4.5/5.4, serie longiore 3 subuncinato-contusoriis ceteris conicis vel conico-clavatis corona obtusis; osse scapulari triangulari apice obtuse rotundato; linea dorsali angulata; dorso obtuse carinato, abdomine non carinato; squamis parte libera longitudinaliter striatis, 48 circ. in linea laterali, 13 in serie transversali spinam dorsalem inter et pinnam ventralem quarum 8 spinam dorsalem inter et lineam lateralem, 15 in serie longitudinali occiput inter et pinnam dorsalem; squamis gulo-ventralibus longitudinaliter pluriseriatis postrorsum magnitudine paulo accrescentibus; linea laterali antice declivi porro rectiuscula, singulis squamis tubulo simplice nötata; pinna dorsali medio apicem rostri inter et basin caudalis sita, basi alepidota, corpore non vel vix humiliore, multo altiore quam basi longa, acuta, emarginata, spina 1ª minima, spina 2ª gracili spina 3ª plus duplo breviore, spina 3ª sat valida laevi capite longiore; pinnis pectorälibus lineae ventrali approximatis, acutis, capite paulo brevioribus, ventrales non attingentibus; pinnis ventralibus sub dimidio dorsalis posteriore insertis, acutis vel acutiusculis, pectoralibus non brevioribus, anum non attingentibus; anali tota fere ejus longitudine post anum incipiente, basi vagina squamosa humili inclusa, dorsali multo breviore et humiliore, duplo circiter altiore quam basi longa, acuta non emarginata, radio simplice 3° gracili cartilagineo; caudali profunde incisa lobis acutis $4\frac{1}{3}$ ad $4\frac{1}{2}$ in longitudine totius corporis; colore corpore superne viridi, inferne argenteo; iride flava; maculis corpore pinnisve nullis; pinnis roseis vel flavescentibus, dorsali superne et caudali postice nigro marginatis.

B. 3. D. 3/7 vel 3/8. P. 1/13 vel 1/14. V. 2/7. A. 3/6 vel 3/7. C. 7/17/7 lat. brev. incl.

Hab. Yang-tse-kiang flum. (Dabry).

Longitude 3 speciminum 180‴, 181‴ et 197‴.

Rem. L'espèce actuelle se distingue tant de l'Hemibarbus barbus que de l'Hemibarbus maculatus par la forme des sousorbitaires, par le museau tronqué, et par la position de l'orifice anal bien en avant de l'anale. Je trouve d'autres différences encore dans les proportions de la hauteur du corps, de la tête et des yeux; dans la dentition; dans la formule des rangées d'écailles, etc. L'espèce rappelle, par sa physionomie générale, les espèces du sousgenre Siaja (Cyclochilichthys), dont cependant elle n'a ni la dorsale à gaîne squammeuse, ni l'épine dorsale dentelée, ni la dentition. Plusieurs des ichthyologistes modernes y verront probablement un type générique distinct.

Pseudogobio rivularis Blkr, Tab. VIII fig. 1.

Pseudogob. corpore elongato compresso, altitudine $4\frac{1}{2}$ circ. in ejus longitudine absque-, $5\frac{1}{2}$ circ. in ejus longitudine cum pinna caudali; latitudine corporis $1\frac{1}{3}$ circ. in ejus altitudine; capite $3\frac{3}{4}$ circ. in longitudine corporis absque-, $4\frac{1}{2}$ circ. in longitudine corporis cum pinna caudali; altitudine capitis $1\frac{2}{5}$ circ.-, latitudine capitis $1\frac{1}{2}$ circ. in ejus longitudine; oculis lineae frontali approximatis oblique sursum spectantibus, diametro 4 et paulo in longitudine capitis, diametro $1\frac{1}{3}$ ad $1\frac{1}{4}$ in capitis parte postoculari, diametro 1 circ. distantibus; linea rostro-frontali apice rostri truncata, apicem inter et nares concava, regione nasali convexa; linea interoculari rectiuscula; naribus ante medium oculum perforatis, posterioribus valvula claudendis; rostro oculo longiore, paulo ante os prominente, apice truncato; osse suborbitali anteriore sat longe ab orbita distante, pentagono, aeque alto circiter ac lato, apice sursum spectante; osse suborbitali 2° irregulariter quadrangulari vix longiore quam lato postice quam antice humiliore; osse suborbitali 3° triangulari duplo circ. longiore quam antice lato apice postrorsum spectante; maxilla superiore maxilla inferiore longiore, mediocriter deorsum protractili, ante oculum desinente, $3\frac{1}{2}$ ad $3\frac{1}{3}$ in longitudine capitis; maxilla inferiore symphysi tuberculo brevi; labiis superiore mediocri, inferiore lato pendulo; cirris supramaxillaribus carnosis oculo brevioribus; operculo minus duplo altiore quam lato, margine inferiore rectiusculo; apertura branchiali sub praeoperculi margine posteriore desinente; dentibus pharyngealibus uniseriatis subuncinato-compressoriis 4/4 vel 5/5; osse scapulari gracillimo; squamis parte libera longitudinaliter striatis, 55 vel 56 in linea laterali, 11 in serie transversali pinnam dorsalem inter et ventralem quarum 6 dorsalem inter et lineam lateralem, 12 vel 13 in serie longitudinali occiput inter et pinnam dorsalem; regione gulo-ventrali inferne alepidota; ano basi ventralium multo magis quam anali approximato; pinna dorsali basi pinnae caudalis sat multo magis quam apici rostri approximata, corpore non humiliore, paulo altiore quam basi longa, obtuse rotundata, radiis simplicibus gracillimis; pectoralibus acutiuscule rotundatis capite vix brevioribus, ventrales non attingentibus, radio 1° simplice cartilagineo incrassato; ventralibus sub dimidio pinnae dorsalis posteriore insertis, obtusiuscule rotundatis, analem non attingentibus; anali dorsali multo humiliore et duplo circ. breviore, duplo altiore quam basi longa, obtusa, rotundata; caudali semilunariter emarginata lobis rotundatis $5\frac{2}{3}$ ad $5\frac{3}{4}$ in longitudine totius corporis; colore corpore superne olivaceo, inferne albido; squamis dorso lateribusque singulis basi macula quadratiuscula fuscescente; capite punctis fuscis variegato; operculo nitente-aureo; iride flava superne fusca; cauda media basi pinnae caudalis macula fusca punctiformi; pinnis rubris, dorsali et caudali singulis radiis maculis fuscis 4 vel 5 dorsali totidem series longitudinales, caudali totidem series transversas efficientibus; pectoralibus apice fuscis.

B. 5. D. 2/7 vel 2/8. P. 1/11. V. 2/7. A. 2/5 vel 2/6. C. 6/17/6 lat. brev. incl.

Syn. *Gobio rivularis* Bas., Ichth. Chin. bor. N. Mém. Sc. Nat. Mosc. X p. 231.
Tylognathus sinensis Kner, Zool. Novara Fisch. p. 354, tab. 15 fig. 5.
Pseudogobio sinensis Günth., Cat. Fish. VII p. 175.

Hab. Yang-tse-kiang flum.?

Longitudo speciminis descripti 175‴.

Rem. L'individu que j'ai sous les yeux n'est que quelques millimètres plus grand que celui figuré par M. Kner. La description de M. Kner va très bien à mon individu, où cependant les rangées des taches de la dorsale et de la caudale sont plus nombreuses. Quant à la figure citée, elle rend inexactement la forme des nageoires qui toutes sont arrondies. Les écailles aussi y sont représentées trop grandes ou en trop petit nombre, la tête y est trop petite, et on n'y voit pas du tout les os sousorbitaires.

L'espèce est éminemment reconnaissable par la grosse tête, par la dépression entre le museau et le front, par la forme des nageoires et par l'épaisseur du premier rayon simple de la pectorale.

Je ne doute guère qu'elle ne soit identique avec le Gobio rivularis, décrit par M. Basilewski dans les termes suivants: » Caput oblongum apice acuto, nucha lata et plana. Os edentulum suctorium in utroque angulo parvulo cirro barbatum; oculi flavescentes ad nucham remoti. Corpus breve, cylindricum, postrorsum valde constrictum, parvulis squamis tectum, argenteum, supra fusco-viridescens, ad latera fusco punctatum. Pinnae griseae, nullis radiis osseis; dorsalis brevis 9-radiata, fusco maculata, in medio corporis et ante abdominales posita. Pinnae pectorales 11-radiatae; abdominales 9-radiatae; analis 6-radiata; caudalis angusta, elongata, integra, fusco maculata. Vesica aërea brevis biloba."

SAUROGOBIO Blkr.

Corpus elongatum fusiforme, squamis mediocribus vestitum. Rostrum conicum prominens. Rictus inferus parvus horizontalis ore clauso formam ferri equini referens. Os intermaxillare acie acuta longe ante os supramaxillare desinens. Maxilla inferior plana, symphysi subhamata. Cirri 2 supramaxillares. Os suborbitale anterius orbitam attingens. Labium inferius non lobatum. Apertura branchialis mediocris non usque sub oculo producta. Regio thoracogularis inferne medio alepidota. Anus paulo post basin ventralium perforatus. Pinnae, dorsalis in 3ª corporis parte anteriore ante ventrales incipiens, brevis, anacantha; analis brevis. Dentes pharyngeales uniseriati 4/4 corona obtusa vel truncatiuscula.

Rem. Le genre remarquable que je viens de proposer est voisin des genres Pseudogobio et Sarcochilichthys, mais il se distingue éminemment de tous les deux par l'allongement extraordinaire du corps, et par la position avancée de la dorsale qui se trouve entièrement dans la moitié antérieure du corps même sans y comprendre la caudale. Du reste il approche plus du Pseudogobio que du Sarcochilichthys, mais on ne saurait pas confondre les deux genres, même en ne considérant pas la forme générale du corps, puisque dans le Pseudogobio le sousorbitaire antérieur se trouve éloigné de l'orbite, que la mâchoire inférienre n'y présente point de tubercule symphysial, que l'intermaxillaire ne s'arrête point bien en avant du supramaxillaire, qu'au contraire la lèvre inférieure est trilobée, que les dents pharyngiennes sont grêles et pointues, etc.

Saurogobio Dumerili Blkr, Tab. I fig. 1.

Saurogob. corpore elongato antice subcylindrico, altitudine $8\frac{1}{3}$ circ. in ejus longitudine absque-, $9\frac{2}{3}$ circ. in ejus longitudine cum pinna caudali; latitudine corporis $1\frac{1}{5}$ circ. in ejus altitudine; capite acutiusculo convexo $6\frac{3}{5}$ circ. in longitudine corporis absque-, $7\frac{3}{5}$ circ. in longitudine corporis cum pinna caudali; altitudine capitis $1\frac{4}{5}$ circ.-, latitudine capitis $1\frac{1}{2}$ circ. in ejus longitudine; oculis diametro 4 et paulo in longitudine capitis, 2 circ. in capitis parte postoculari, diametro $1\frac{1}{2}$ circ. distantibus; naribus ante oculi partem superiorem perforatis, posterioribus anterioribus multo majoribus; rostro acutiusculo convexo oculo paulo longiore, ante os prominente; osse suborbitali anteriore securiformi manubrio orbitam attingente acie convexa deorsum spectante; osse suborbitali 2° subpentagono osse 1° multo minore apice sursum spectante; osse suborbitali 3° gracili plus duplo longiore quam lato; maxilla superiore maxilla inferiore longiore, ante oculum desinente, 4 circ. in longitudine capitis, non protractili; osse intermâxillari acie acuta sat longe ante os supramâxillare desinente; maxilla inferiore brevi symphysi subhamata ramis ore clauso postrorsum divergentibus; labiis gracilibus tenuibus, inferiore non lobato; cirris oculo non vel vix brevioribus basi rigidis; operculo paulo altiore quam lato margine inferiore rectiusculo; dentibus pharyngealibus uniseriatis 5/4, clavatis ex parte corona convexa laevi ex parte corona plana vel concava laevi; osse scapulari triangulari obtuse rotundato; regione thoraco-gulari inferne medio tantum alepidota; squamis parte libera longitudinaliter multistriatis 55 circ. in linea laterali, 10 circ. in serie transversali pinnam dorsalem inter et ventralem quarum 5 dorsalem inter et lineam lateralem, 16 circ. in serie longitudinali occiput inter et pinnam dorsalem; squamis facie ventrali in series 3 ad 5 longitudinales dispositis; linea laterali recta singulis squamis tubulo simplice notatâ; ano paulo post basin ventralium perforato; cauda parte postanali plus duplo longiore quam postice alta; pinna dorsali capiti plus duplo magis quam basi caudalis approximata, medio ventralibus opposita, basi alepidota, corpore paulo altiore, paulo altiore quam basi longa, acuta, non emarginata, radio simplice 2° gracili capite non vel vix longiore; pectoralibus horizontaliter insertis basi lineae ventrali approximatis, acutiuscule rotundatis, capite non vel vix brevioribus ventrales non attingentibus; ventralibus obtusiuscule rotundatis pectoralibus brevioribus plus earum longitudine ante pinnam analem desinentibus; anali caudali duplo magis quam dorsali approximata, dorsali breviore et humiliore, vix altiore quam basi longa, acuta, emarginata; caudali basi squamosa mediocriter incisa lobis acutis $7\frac{1}{2}$ circ. in longitudine corporis; colore corpore superne viridi marginibus squamarum profundiore, inferne argenteo; iride flavescente; pinnis roseis vel flavescentibus, paribus fusco plus minusve arenatis.

B. 3. D. 2/7 vel 2/8. P. 1/15 vel 1/16. V. 1/7. A. 3/6 vel 3/7. C. 6/16/6 lat. brev. incl.

Hab. Yang-tse-kiang flum.?

Longitudo speciminis descripti 283'''.

Rem. J'ai décrit, ou plutôt indiqué, dans les Notices sur quelques genres et espèces de Cyprinoïdes de Chine (Ned. Tijdschr. Dierk. II p. 26) une espèce de Chine sous le nom de Gobio heterodon, qui probablement appartient, elle aussi, au genre Saurogobio, et qui présente la même forme des dents, la même formule des écailles et des nageoires verticales, etc. Le mauvais état de l'individu que j'ai eu sous les yeux (qui doit maintenant se trouver au Musée de Paris) fut la cause que je n'en ai pas donné une description plus détaillée, mais d'après ce que j'ai pu constater, le Gobio ou le Saurogobio heterodon doit être bien différent de l'espèce actuelle, ayant le corps moins allongé, la tête relativement plus longue, les yeux plus petits, les barbillons plus longs, l'anale située au milieu entre la dorsale et la caudale, etc.

Valenciennes (Hist. nat. des Poissons XVI p. 280) indique, d'après un dessin chinois, une espèce qu'il croit pouvoir rapporter à ses Cirrhines ou à ses Labéons, et qu'il caractérise comme ayant deux barbillons, le museau saillant au-devant de la bouche, une dorsale haute de l'avant, des écailles de moyenne grandeur avec des points noirs à leur base, etc. Il se pourrait bien que ce dessin n'indiquât qu'un Saurogobio de l'espèce actuelle.

Saurogobio Dabryi Blkr, Tab. V fig. 1.

Saurogob. corpore elongato antice cylindraceo aeque lato ac alto, postice compresso, altitudine 9 circ. in ejus longitudine absque-, $10\frac{1}{2}$ circ. in ejus longitudine cum pinna caudali; capite obtusiusculo convexo 5 circ. in longitudine corporis absque-, 6 fere in longitudine corporis cum pinna caudali; altitudine et latitudine capitis $1\frac{4}{5}$ circ. in ejus longitudine; oculis diametro 5 circ. in longitudine capitis, $1\frac{1}{3}$ ad $1\frac{1}{4}$ in capitis parte postoculari, multo minus diametro 1 distantibus; naribus ante medium oculum perforatis posterioribus anterioribus majoribus valvula claudendis; rostro obtuso convexo oculo breviore, ante os prominente; osse suborbitali anteriore oblique triangulari apice sursum spectante, margine anteriore concavo, margine inferiore convexo;

12*

osse suborbitali 2° oblique quadrangulari minus duplo longiore quam lato antice quam postice multo altiore; osse suborbitali 3° gracili plus quadruplo longiore quam lato; maxilla superiore maxîlla inferiore longiore, ante oculum desinente, 4 circ. in longitudine capitis, non protractili; osse intermaxillari acie acuta sat longe ante os supramaxillare desinente; maxilla inferiore brevi symphysi tuberculo parvo, ramis ore clauso parallelis; labiis gracilibus tenuibus, inferiore non lobato; cirris oculo minus duplo brevioribus basi rigidiusculis; operculo sat multo sed minus duplo altiore quam lato, margine inferiore rectiusculo; apertura branchiali sub operculo desinente; dentibus pharyngealibus uniseriatis 5/4, compressiusculis, corona truncatiuscula; osse scapulari obtuse rotundato; regione gulo-ventrali inferne usque post basin pectoralium alepidota; squamis parte libera striis longitudinalibus conspicuis nullis, 45 circ. in linea laterali, 7 vel 8 in serie transversali pinnam dorsalem inter et ventralem quarum 4 dorsalem inter et lineam lateralem, 12 circ. in serie longitudinali occiput inter et pinnam dorsalem; squamis facie ventrali paulo ante pinnas ventrales longitudinaliter quinqueseriatis; linea laterali antice declivi porro rectiuscula, singulis squamis tubulo simplice notata; ano paulo post basin ventralium perforato; cauda parte libera plus duplo longiore quam postice alta; pinna dorsali capiti plus duplo magis quam basi caudalis approximata, dimidio posteriore ventralibus opposita, basi alepidota, corpore duplo circiter altiore, sat multo altiore quam basi longa, acuta, non vel vix emarginata, radio simplice 2° gracili capite vix longiore; pinnis pectoralibus horizontaliter insertis basi lineae ventrali approximatis, acutiuscule rotundatis, capite paulo brevioribus, ventrales non attingentibus; ventralibus obtuse rotundatis pectoralibus paulo brevioribus, tota earum longitudine ante analem desinentibus; anali caudali duplo magis quam dorsali approximata, dorsali breviore et humiliore, altiore quam basi longa, acuta, emarginata; caudali basi squamosa mediocriter incisa lobis acutiuscule rotundatis 6 circ. in longitudine corporis; colore corpore superne olivascente marginibus squamarum profundiore, inferne albida; lateribus inferne vitta longitudinali argentea; mediis lateribus maculis elongatis 4 vel 5 fusco-violaceis uniseriatis vittae argenteae approximatis; pinnis flavescentibus vel roseis.

B. 3. D. 2/7 vel 2/8. P. 1/13. V. 1/7. A. 3/6 vel 4/7. C. 7/16/7 lat. brev. incl.

Hab. Yang-tse-kiang flum.?

Longitudo speciminis descripti 118'''.

Rem. L'espèce actuelle, dont je n'ai sous les yeux qu'un individu du jeune âge, se distingue surtout de l'espèce précédente par ses écailles, dont le nombre, pris des rangées longitudinales et transversales, est de beaucoup inférieur à celui du Saurogobio Dumerili. Du reste les différences sont encore assez nombreuses ; mais il est possible qu'en partie au moins elles ne fussent attribuables qu'à l'âge. Ceci regarde surtout les proportions du corps, de la tête et des yeux.

RHINOGOBIO Blkr.

Corpus elongatum compressum squamis mediocribus vestitum. Caput acutum rostro conico longe ante os prominente. Rictus inferus parvus horizontalis ore clauso semilunaris. Os intermaxillare normale. Cirri 2, supramaxillares. Maxilla inferior plana acie tumida truncata. Os suborbitale anterius valde elongatum orbitam attingens. Apertura branchialis sub oculo desinens. Labium inferius breve longe a symphysi desinens. Regio thoracogularis ubique microlepidota. Anus paulo post basin ventralium perforatus. Pinnae, dorsalis antice in 2ª tertia corporis parte sita ante ventrales incipiens brevis anacantha, analis brevis. Dentes pharyngeales biseriati 2.4/4.2 vel 2.5/5.2.

Rem. Le genre Rhinogobio tient le milieu entre les genres Pseudogobio et Saurogobio. Il est parfaitement bien caractérisé par l'allongement du museau et de l'os sousorbitaire antérieur, par l'épaisseur de la mâchoire inférieure, par l'écaillure de la région thoraco-gulaire inférieure, par les dents pharyngiennes à double rangée, etc.

Rhinogobio typus Blkr, Tab. III fig. 1.

Rhinogob. corpore elongato compresso, altitudine 6½ circ. in ejus longitudine absque-, 8 circ. in ejus longitudine cum pinna caudali; latitudine corporis 1⅓ circ. in ejus altitudine ; capite valde acuto, 4½ circ. in longitudine corporis absque-, 5½ circ. in longitudine corporis cum pinna caudali ; altitudine et latitudine capitis 2 fere in ejus longitudine ; linea rostro-occipitali convexa ; fronte inter oculos depressiuscula ; oculis diametro 5½ circ. in longitudine capitis, diametro 1 et paulo in capitis parte postoculari, minus diametro 1 distantibus; membrana palpebrali iridem superne et inferne majore parte, antice et postice iridis marginem externum tantum tegente; naribus ante medium oculum perforatis, posterioribus valvula semiclaudendis; rostro acuto, conico, oculo longiore, valde ante os prominente, apice infra oculum sito; osse suborbitali anteriore valde elongato, plus quadruplo longiore quam lato, antice et medio quam postice latiore, antice acutiuscule rotundato, margine antero-inferiore convexo; ossibus suborbitalibus 2° et 3° gracillimis plus triplo longioribus quam latis; rictu ore clauso semilunari, ore aperto ovali; maxilla superiore verticaliter deorsum vix protractili, ante oculum desinente, 4' circ. in longitudine capitis; labiis mediocribus superiore cum inferioris margine anteriore continuo; sulco postlabiali utroque latere simplice longitudinaliter marginem oris versus directo; cirris mediocribus oculo vix brevioribus; operculo multo minus duplo altiore quam longo, margine inferiore concaviusculo; dentibus pharyngealibus biseriatis subuncinato-compressoriis 2.4/4.2 vel 2.5/5.2 serie longiore ex parte facie masticatoria concaviuscula; osse scapulari triangulari apice rotundato; ventre nullibi carinato; cauda parte libera plus duplo longiore quam postice alta; ano basi ventralium magis quam anali approximato; squamis parte libera longitudinaliter striatis, 50 circ. in linea laterali, 12 in serie transversali pinnam dorsalem inter et ventralem quarum 6 dorsalem inter et lineam lateralem, 16 vel 17 in serie longitudinali occiput inter et pinnam dorsalem; pinna dorsali apici rostri paulo magis quam basi caudalis approximata, basi alepidota, corpore paulo altiore, minus duplo altiore quam basi longa, acuta, leviter emarginata, radiis simplicibus gracilibus flexilibus; pinnis pectoralibus subhorizontaliter insertis lineae ventrali approximatis, acutis, capite paulo brevioribus, ventrales non attingentibus; ventralibus dimidio dorsalis posteriori oppositis, acutis, pectoralibus brevioribus, analem non attingentibus; anali dorsali breviore et humiliore, minus duplo altiore quam basi longa, acuta, leviter emarginata; caudali lobis acutis $5\frac{1}{2}$ circ. in longitudine totius corporis; colore corpore superne olivascente, inferne argenteo; rostro fuscescente; iride flavescente; pinnis roseis vel flavescentibus.

B. 3. D. 3/8 vel 3/9. P. 1/15. V. 2/7. A. 3/6 vel 3/6. C. 7/17/7 lat. brev. incl.

Hab. Yang-tse-kiang fl.?

Longitudo speciminis descripti 175'''.

Sarcochilichthys sinensis Blkr, Tab. IV fig. 2.

Sarcoch. corpore oblongo compresso, altitudine $3\frac{3}{4}$ ad $3\frac{1}{3}$ in ejus longitudine absque-, $4\frac{3}{5}$ ad $4\frac{1}{4}$ in ejus longitudine cum pinna caudali; capite obtuso convexo 4 et paulo ad $5\frac{1}{3}$ in longitudine corporis absque-, 5 et paulo ad $6\frac{3}{4}$ in longitudine corporis cum pinna caudali; altitudine capitis $1\frac{2}{5}$ ad 1 et paulo-, latitudine capitis 2 ad $1\frac{1}{2}$ in ejus longitudine; oculis diametro $3\frac{1}{2}$ ad 3 et paulo in longitudine capitis, diametro $1\frac{1}{2}$ ad 1 et paulo in capitis parte postoculari, diametro 1 ad $1\frac{1}{2}$ distantibus, membrana palpebrali iridis margïnem externum tantum tegente; linea rostro-dorsali rostro et nucha convexa fronte et occipite rectiuscula; linea interoculari convexa; naribus ante oculi partem superiorem perforatis posterioribus valvula claudendis; rostro obtuso truncatiusculo oculo breviore, paulo prominente; osse suborbitali anteriore irregulariter pentagono, vix altiore quam lato, apice sursum spectante; osse suborbitali 2° triangulari apice postrorsum spectante duplo circ. longiore quam antice alto; ossibus suborbitalibus 3° et 4° marginem praeoperculi non attingentibus gracilibus oculi diametro quadruplo ad plus quadruplo gracilioribus; maxilla superiore maxilla inferiore longiore verticaliter deorsum protractili, ante oculum desinente, 4 ad 5 in longitudine capitis; labiis carnosis laevibus; rictu ore aperto ovali oculo multo minore; operculo non striato latitudine $1\frac{2}{3}$ circ. in ejus altitudine, margine inferiore rectiusculo; isthmo interbranchiali oculi diametro vix graciliore; dentibus pharyngealibus uniseriatis 5/5 quarum 5/3 subuncinato-cochleariformibus facie masticatoria oblonga sat profunda, ceteris conicis obtusiusculis facie masticatoria nulla; osse scapulari triangulari obtuso; ventre inferne antice plano post pinnas ventrales rotundato non carinato; dorso sat elevato convexo; squamis parte libera radiatim striatis parte basali non striatis, 40 vel 41 in linea laterali, 11 in serie transversali pinnam dorsalem inter et ventralem quarum 6 ($5\frac{1}{2}$) dorsalem inter et lineam lateralem, 14 circ. in serie longitudinali occiput inter et pinnam dorsalem; squamis gulo-ventralibus inferioribus longitudinaliter 5-seriatis serie media postrorsum magnitudine accrescentibus; linea laterali recta antice tantum declivi, singulis squamis tubulo simplice mediam squamam superante notata; ano anali magis quam basi ventralium approximato; pinna dorsali medio circ. apicem rostri inter et basin pinnae caudalis sita, corpore non ad paulo humiliore, minus duplo altiore quam basi longa, acuta, leviter emarginata, radio simplice 3° gracili capite longïore; pinnis pectoralibus acutis capite vix vel non brevioribus ventrales non attingentibus; ventralibus sub media dorsali insertis pectoralibus brevioribus, acutiuscule rotundatis, analem non attingentibus; anali dorsali breviore et humiliore, duplo circiter altiore quam basi longa, acuta, emarginata; caudali profunde incisa lobis acutiusculis $4\frac{1}{2}$ ad $4\frac{2}{3}$ in longitudine corporis; colore corpore superne olivascente, inferne albido; iride flavescente; dorso lateribusque maculis magnis irregularibus vel nebulis fuscis variis; pinnis roseis vel flavescentibus, plagis fuscis variis.

B. 3. D. 3/7 vel 3/8. P. 1/14. V. 2/7. A. 3/6 vel 3/7. C 9/17/9 lat. brev. incl.

Hab. Yang-tse-kiang flum?

Longitudo 5 speciminum 92''' ad 152'''.

Rem. Le Sarcochilichthys de Chine se distingue de celui du Japon, dont il est toutefois fort voisin, par des formes plus trapues, par la tête qui est notablement plus courte, par ses couleurs, par une rangée longitudinale d'écailles de moins entre la dorsale et la ligne latérale, etc.

M. Günther réunit le genre Sarcochilichthys au genre Pseudogobio. Cependant les espèces des deux genres présentent une physionomie fort différente, et puis encore le Pseudogobio a le sousorbitaire antérieur éloigné de l'orbite, la région thoraco-gulaire inférieure sans écailles, des barbillons, etc. On sait du reste que M. Günther comprend en général les genres dans un sens beaucoup plus étendu que la plupart des ichthyologistes modernes. On pourra donc éviter toute discussion en laissant au temps de juger les opinions divergentes, qui divisent actuellement le camp des naturalistes.

Gymnostomus (*Gymnostomus*) *macrolepis* Blkr, Tab. VIII fig. 2.

Gymnost. corpore elongato compresso, altitudine 5 circ. in ejus longitudine absque-, $6\frac{2}{5}$ circ. in ejus longitudine cum pinna caudali; latitudine corporis $1\frac{3}{4}$ circ. in ejus altitudine; capite obtusiusculo convexo $4\frac{2}{3}$ circ. in longitudine corporis absque-, 6 fere in longitudine corporis cum pinna caudali; altitudine capitis $1\frac{2}{5}$ circ., latitudine capitis 2 fere in ejus longitudine; linea rostro-occipitali convexa; oculis diametro 4 fere in longitudine capitis, diametro $1\frac{2}{3}$ circ. in capitis parte postoculari, plus diametro 1 distantibus; linea interoculari convexa; rostro obtuso convexo, paulo ante os prominente, oculo paulo longiore; naribus ante oculi partem superiorem perforatis; osse suborbitali 1° orbitam attingente, pentagono, apice sursum spectante; osse suborbitali 2° triangulari apice postrorsum spectante; osse suborbitali 3° triplo circiter longiore quam lato margine inferiore convexo; maxilla superiore verticaliter deorsum mediocriter protractili acie tenui, vix ante oculum desinente, $3\frac{1}{2}$ circ. in longitudine capitis; maxilla inferiore maxilla superiore breviore, plana, symphysi non hamata acie obtusa cartilagineo-carnosa, ramis ore clauso post symphysin distantibus; rictu ore clauso semilunari ore aperto quadrangulari; labiis tenuibus, inferiore brevissimo; operculo laevi multo minus duplo altiore quam lato margine inferiore rectiusculo; apertura branchiali sub praeoperculi margine posteriore desinente; dentibus pharyngealibus triseriatis subuncinato-contusoriis 2.2.4/4.2.2; osse scapulari obtuse rotundato; squamis parte libera longitudinaliter striatis, 50 circ. in linea laterali, 14 vel 15 in serie transversali pinnam dorsalem inter et ventralem quarum 8 lineam lateralem inter et pinnam dorsalem, 22 circ. in serie longitudinali occiput inter et pinnam dorsalem; squamis regione gulo-ventrali inferne parvis multiseriatis; linea laterali rectiuscula per media latera decurrente, singulis squamis tubulo simplice notata; dorso humili carnoso; ventre inferne plano; cauda parte libera multo longiore quam postice alta; pinna dorsali basi pinnae caudalis magis quam apici rostri approximata, medio ventralibus opposita, basi alepidota, corpore altiore, multo minus duplo altiore quam basi longa, acuta, emarginata, radio simplice 3° cartilagineo gracili capite non vel vix longiore; pinnis pectoralibus subhorizontaliter insertis, acutis, capite vix brevioribus, ventrales non attingentibus; ventralibus acutis pectoralibus paulo brevioribus analem non attingentibus; anali mox post anum incipiente, basi alepidota, dorsali multo breviore sed vix humiliore, plus duplo altiore quam basi longa acuta, non emarginata, radio simplice 3° gracili; caudali valde profunde incisa lobis acutis $4\frac{1}{2}$ circiter in longitudine totius corporis; colore corpore superne coerulescente-viridi, inferne argenteo; dorso lateribusque singulis squamis basi vittula semilunari violascente; iride flavescente; pinnis roseis vel flavescentibus.

B. 3. D. 3/8 vel 3/9. P. 1/16 vel 1/17. V. 2/9. A. 3/5 vel 3/6. C. 6/17/6 lat. brev. incl.

Hab. Yang-tse-kiang flum.?

Longitudo speciminis descripti 189‴.

Rem. L'espèce actuelle est suffisamment caractérisée par les formules de l'écaillure, par l'absence de barbillons, par l'insertion des rayons simples de la dorsale en avant des ventrales, etc.

Rhodeus ocellatus Günth., Cat. Fish. VII p. 280; Tab. VI fig. 3.

Rhod. corpore oblongo compresso, altitudine $2\frac{1}{4}$ circ. in ejus longitudine absque-, $2\frac{4}{5}$ circ. in ejus longitudine cum pinna caudali; latitudine corporis $3\frac{1}{2}$ circ. in ejus altitudine; capite obtuso 4 fere in longitudine corporis absque-, $4\frac{3}{4}$ circ. in longitudine corporis cum pinna caudali; altitudine capitis 1 et paulo, latitudine capitis 2 circ. in ejus longitudine; oculis diametro 3 circ. in longitudine capitis, diametro 1 et paulo in capitis parte postoculari, diametro 1 circ. distantibus, membrana palpebrali iridis marginem externum tantum tegente; linea rostro-dorsali rostro et nucha convexa, rostrum inter et nucham rectiuscula; linea interoculari convexa; naribus ante oculi partem superiorem perforatis, posterioribus anterioribus majoribus valvula claudendis; rostro obtuso convexo oculo breviore non ante os prominente, superne verruculoso; osse suborbitali anteriore pentagono apice sursum spectante angulis anteriore et posteriore rotundatis; osse suborbitali 2° gracili plus duplo longiore quam lato; osse suborbitali 3° osse suborbitali 2° multo latiore margine inferiore valde convexo; maxilla superiore vix ante maxillam inferiorem prominente, oblique antrorsum protractili, ante oculum desinente, 4 circ. in longitudine capitis; maxilla inferiore cochleariformi symphysi tuberculo nullo; rictu parvo obliquo; cirris nullis; labiis mediocribus; sulco infralabiali symphysin subattingente; operculo laevi minus duplo altiore quam longo margine inferiore convexiusculo; apertura branchiali usque sub oculo producta; dentibus pharyngealibus uniseriatis 5/5, compressis, leviter uncinatis, margine interno pluricrenulatis; osse scapulari obtuse rotundato; squamis trunco postice parte libera multo altioribus quam latis subradiatim striatis, 33 vel 34 in serie longitudinali aperturam branchialem inter et pinnam caudalem, 11 vel 12 in serie transversali dorsalem inter et ventralem, 12 vel 13 in serie longitudinali occiput inter et pinnam dorsalem; linea laterali squamis 3 vel 4 anterioribus tantum conspicua; ano medio circ. ventrales inter et analem perforato; pinna dorsali basi caudalis duplo circ. magis quam apici rostri approximata, radio postico radio anali medio circ. opposito, radiis simplicibus medio circ. apicem rostri inter et basin pinnae caudalis insertis, basi 3, circiter in longitudine corporis absque pinna caudali, minus duplo longiore quam alta, corpore plus duplo humiliore, antice quam postice duplo fere altiore, acutiuscula, non vel vix emarginata, radio simplice 3° gracili cartilagineo capite breviore; pinnis pectoralibus acutis capite brevioribus, ventrales attingentibus; ventralibus paulo ante pinnam dorsalem insertis pectoralibus brevioribus, analem subattingentibus; anali sub medio dorsalis circ. incipiente, dorsali non vel vix breviore et paulo humiliore, paulo longiore quam antice alta, acuta, leviter emarginata, radio simplice 3o gracili cartilagineo; caudali profunde incisa lobis acutiusculis 5 circ. in longitudine totius corporis; colore corpore superne olivaceo, inferne argenteo; iride flavescente; squamis dorso lateribusque singulis basi macula oblonga transversa fusca; cauda media longitudine vitta coerulea subcutanea; pinnis roseis vel flavescentibus; dorsali fusco variegata.

B. 3. D. 3/11 vel 3/12. P. 1/11 vel 1/12. V. 2/6 vel 2/7. A. 3/10 vel 3/11. C. 5/17/5 lat. brev. incl.

Syn. *Pseudoperilampus ? ocellatus* Kner, Reise Novara Fisch. p. 365, tab. 15 fig. 6.

Hab. Yang-tse-kiang flum. ?

Longitudo speciminis descripti 37‴.

Rem. Le petit individu que j'ai devant moi appartient sans aucun doute à l'espèce citée. Il se trouve dans un état parfait de conservation excepté seulement la dorsale et l'anale dont quelques rayons ont plus ou moins souffert. L'individu décrit et figuré par M. Kner est presque du double plus grand que celui du Musée de Paris.

M. Günther a rangé l'espèce parmi les Rhodeus, où cependant elle ne pourrait pas prendre place, d'après la diagnose du genre formulée par M. Günther lui-même, à cause de sa dentition (dents à bord denticulé). Le fait est, que les genres des groupes des Daniones et des Acheilognathini (les Rhodeina et les Danionina de M. Günther) seront à reconstruire, dès que leurs espèces, qui sont assez nombreuses, seront mieux connues.

Rhodeus sinensis Günth., Cat. Fish. VII p. 280.

Rhod. corpore oblongo compresso, altitudine $2\frac{2}{3}$ circ. in ejus longitudine absque-, $3\frac{1}{3}$ circ. in ejus longitudine cum pinna caudali; latitudine corporis $2\frac{2}{3}$ circ. in ejus altitudine; capite obtusiusculo, 5^3 in longitudine corporis absque-,

$4\frac{3}{4}$ in longitudine corporis cum pinna caudali; altitudine capitis 1 et paulo, latitudine capitis 2 fere in ejus longitudine; oculis diametro 3 et paulo in longitudine capitis, diametro $1\frac{1}{3}$ circ. in capitis parte postoculari, diametro 1 et paulo distantibus, membrana palpebrali iridis marginem externum tantum tegente; linea rostro-dorsali rostro et nucha convexa rostrum et nucham inter rectiuscula; linea interoculari convexa; naribus ante oculi partem superiorem perforatis posterioribus anterioribus majoribus valvula claudendis; rostro obtuso convexo oculo breviore, non ante os prominente, superne verruculoso; osse suborbitali anteriore pentagono apice sursum spectante, angulis anteriore et posteriore rotundatis; osse suborbitali 2° gracili duplo fere longiore quam lato; osse suborbitali 3° osse suborbitali 2° triplo circ. latiore margine inferiore valde convexo; maxilla superiore vix ante maxillam inferiorem prominente, oblique antrorsum protractili, ante oculum desinente, $3\frac{1}{2}$ circ. in longitudine capitis; maxilla inferiore cochleariformi symphysi tuberculo nullo; rictu parvo obliquo; cirris nullis; labiis mediocribus; sulco infralabiali symphysin subattingente; operculo laevi minus duplo altiore quam lato margine inferiore convexiusculo; apertura branchiali usque sub oculo producto; dentibus pharyngealibus uniseriatis 5/5 compressis leviter uncinatis, margine interno non conspicue crenulatis; osse scapulari obtuse rotundato; squamis parte libera radiatim striatis, lateribus 34 vel 35 in serie longitudinali, 9 vel 10 in serie transversali initium pinnae dorsalis inter et ventralem, 14 vel 15 in serie longitudinali occiput inter et pinnam dorsalem; linea laterali squamis 3 vel 4 anterioribus tantum conspicua singulis squamis tubulo simplice notata; ano medio basin ventralium inter et analem perforato; pinna dorsali basi pinnae caudalis minus duplo magis quam apici rostri approximata, radio postico radio anali medio circ. opposita, radiis simplicibus medio circiter apicem rostri inter et basin pinnae caudalis insertis, basi plus quam 4 in longitudine corporis absque pinna caudali, paulo tantum longiore quam alta, corpore duplo circ. humiliore, antice quam postice multo minus duplo altiore, acutiuscula, non vel vix emarginata, radio simplice 3° basi osseo apice gracili flexili capite breviore; pinnis pectoralibus acutis capite brevioribus ventrales subattingentibus; ventralibus ante dorsalem insertis acutiusculis pectoralibus non vel vix brevioribus analem attingentibus; anali sub medio pinnae dorsalis incipiente dorsali non multo breviore et non multo humiliore, paulo longiore quam antice alta, acuta, non emarginata, radio 3° simplice toto fere osseo sed sat gracili; caudali profunde incisa lobis acutis

$4\frac{3}{4}$ circ. in longitudine totius corporis; colore corpore superne viridi, inferne argenteo; iride flavescente; cauda media longitudine vitta profunde coerulea quasi subcutanea; pinnis roseis vel flavescentibus, dorsali et caudali sat dense fusco arenatis, anali inferne nigro marginata.

B. 3. D. 3/9 vel 3/10. P. 1/10? V. 2/7. A. 3/11 vel 3/12. C. 5/17/5 lat. brev. incl.

Hab. Yang-tse-kiang flum?

Longitudo 2 speciminum 41‴ et 48‴.

Rem. Les dents, dans cette espèce, ne sont pas denticulées comme dans le Rhodeus ocellatus. Comme M. Günther l'a déjà observé elle est fort voisine du Rhodeus amarus.

Parachilognathus imberbis Blkr., Tab. IV fig. 1.

Parachilogn. corpore oblongo compresso, altitudine $2\frac{1}{4}$ circ. in ejus longitudine absque-, $3\frac{1}{4}$ circ. in ejus longitudine cum pinna caudali; latitudine corporis 3 circ. in ejus altitudine; capite obtusiusculo 4 circ. in longitudine corporis absque-, $5\frac{1}{5}$ circ. in longitudine corporis cum pinna caudali; altitudine capitis 1 et paulo-, latitudine capitis 2 fere in ejus longitudine; oculis diametro $2\frac{2}{3}$ circ. in longitudine capitis, diametro 1 et paulo in capitis parte postoculari, diametro 1 circiter distantibus, membrana palpebrali iridis marginem externum tantum tegente; linea rostro-dorsali rostro et nucha convexa, rostrum et nucham inter rectiuscula; linea interoculari convexa; naribus ante oculi partem superiorem perforatis, posterioribus anterioribus majoribus valvula claudendis; rostro obtuso convexo oculo breviore, non ante os prominente, superne verruculoso; osse suborbitali anteriore pentagono apice sursum spectante, angulis anteriore et posteriore rotundatis; osse suborbitali 2° gracili plus duplo longiore quam lato; osse suborbitali 3° osse suborbitali 2° multo latiore plus duplo longiore quam lato margine inferiore convexo; maxilla superiore vix ante maxillam inferiorem prominente, oblique antrorsum sat protractili, ante oculum desinente, 4 fere in longitudine capitis; maxilla inferiore cochleariformi symphysi tuberculo nullo; rictu parvo obliquo; cirris nullis; labiis mediocribus; sulco infralabiali symphysin attingente; operculo laevi duplo fere altiore quam lato margine inferiore convexo; apertura branchiali usque sub oculo producta; dentibus pharyngealibus uniseriatis 5/5 compressis leviter uncinatis, margine interno pluricrenulatis; osse scapulari obtuse rotundato; squamis parte libera longitudinaliter striatis, 35 circ. in linea laterali, 11 circ. in serie transversali pinnam dorsalem inter et ventralem quarum 6 circ. dorsalem inter et lineam lateralem, 14 vel 15 in serie longitudinali occiput inter et pinnam dorsalem; linea laterali vix curvala ventralibus paulo magis quam dorsalis initio approximata, singulis squamis tubulo simplice notata; ano medio pinnas ventrales inter et analem perforato; pinna dorsali basi caudalis paulo plus duplo magis quam apici rostri approximata, radio postico radiis analibus subposticis opposita, radiis simplicibus medio circiter apicem rostri inter et basin caudalis insertis, basi 3 et paulo in longitudine corporis absque pinna caudali, multo minus duplo longiore quam alta, corpore duplo fere humiliore, antice quam postice duplo circiter altiore, acutiuscula, non vel vix emarginata, radio simplice 3° gracili capite paulo breviore; pinnis pectoralibus acutis, capite paulo brevioribus, ventrales attingentibus; ventralibus paulo ante dorsalem insertis, acutis, pectoralibus paulo brevioribus, analem attingentibus; anali sub medio pinnae dorsalis incipiente, capite breviore, dorsali multo breviore sed vix humiliore, aeque alta circ. ac basi longa, acuta, emarginata, radio simplice 3° gracili, radio dorsali simplice 3° vix breviore; caudali profunde incisa lobis acutis 4 circ. in longitudine totius corporis; colore corpore superne viridi, inferne albido; iride flavescente; pinnis roseis vel flavescentibus, dorsali et anali radiis fusco variegatis, caudali fusco arenata; cauda media longitudine vitta subcutanea coerulea.

B. 3. D. 3/15 vel 3/14. P. 1/13. V. 2/7. A. 3/10 vel 3/11. C. 6/17/6 lat. brev. incl.

Syn. *Achilognathus imberbis* Günth., Cat. Fish. VII p. 278?

Hab. Yang-tse-kiang fl.?

Longitudo speciminis descripti 70'''.

Rem. L'individu que j'ai sous les yeux va assez bien à la description de l'Achilognathus imberbis de M. Günther. Il se pourrait bien que les petites différences, par rapport à la formule des nageoires (selon M. Günther D. 12. A. 12) et aux proportions de la hauteur du corps, des yeux, etc. soient à attribuer à des nuances individuelles ou de sexe.

ACANTHORHODEUS Blkr.

Corpus oblongum valde compressum squamis magnis vestitum. Caput obtusum ore antico, maxillis brevibus, labiis gracilibus, cirris supramaxillaribus rudimentariis vel nullis. Os suborbitale anterius pentagonum apice sursum spectans. Apertura branchialis usque sub oculo producta. Pinnae dorsalis et analis elongatae spina ossea laevi armatae, analis vix post dorsalem producta. Linea lateralis rectiuscula. Dentes pharyngeales uniseriati uncinati serrati.

Rem. Le genre Acanthorhodeus, voisin des genres Rhodeus, Achilognathus, Parachilognathus et Pseudoperilampus, se distingue par la dorsale et par l'anale, qui sont armeés d'une épine lisse assez forte. Par ses écailles il est voisin des Rhodeus, des Achilognathus et des Parachilognathus, mais dans aucune des espèces de ces genres ni la dorsale ni l'anale ont pris un tel développement. Les formules de la dorsale et de l'anale sont dans les Achilognathus D. 11 à 12 et A. 11 à 13; dans les Parachilognathus D. 15 à 16 et A. 12 à 13; et dans les Rhodeus entre D. 12 à 14 et A. 12 à 14, tandis qu'elles varient, dans les espèces d'Acanthorhodeus entre D. 17 à 21 et A. 15 à 16.

Le Pseudoperilampus approche, par le nombre des rayons, le plus de l'Acanthorhodeus bien que la formule ne soit que de D. 14 et A. 14, mais il en diffère bien autrement par sa tête pointue et par ses petites écailles, dont on compte environ 65 sur une rangée longitudinale.

Je trouve, dans l'envoi de M. Dabry, trois espèces du genre actuel qui se distinguent, entre autres, par les caractères suivants.

I. D. 3/17 ou 3/18. Deux barbillons.

a. Hauteur du corps 2½ fois-, tête 5 fois dans la longueur du corps sans la caudale. Ecailles au nombre de 35 sur une rangée longitudinale. A. 3/12 ou 3/13.

Acanthorhodeus macropterus Blkr.

b. Hauteur du corps 2 fois-, tête 4½ fois dans la longueur du corps sans la caudale. Ecailles au nombre de 38 à 40 dans la ligne latérale. A. 3/13 ou 3/14.

Acanthorhodeus Guichenoti Blkr.

II. D. 3/14 ou 3/15. Point de barbillons.

a. Hauteur du corps $1\frac{3}{4}$ fois-, tête 4 fois dans la longueur du corps sans la caudale. Ecailles au nombre de 30 dans la ligne latérale. A. 3/12 ou 3/13.

Acanthorhodeus hypselonotus Blkr.

Acanthorhodeus macropterus Blkr, Tab. II fig. 2.

Acanthorhod. corpore oblongo compresso, altitudine $2\frac{1}{2}$ circ. in ejus longitudine absque-, 3 et paulo in ejus longitudine cum pinna caudali; latitudine corporis 3 et paulo in ejus altitudine; capite obtusiusculo 5 fere in longitudine corporis absque-, 6 et paulo in longitudine corporis cum pinna caudali; altitudine capitis vix plus quam 1-, latitudine capitis $1\frac{3}{4}$ circ. in ejus longitudine; oculis diametro 3 circ. in longitudine capitis, diametro $1\frac{1}{3}$ ad $1\frac{1}{4}$ in capitis parte postoculari, plus diametro 1 distantibus; linea rostro-dorsali rostro et nucha convexa, rostrum et nucham inter concaviuscula; linea interoculari convexa; naribus ante oculi partem superiorem perforatis, posterioribus anterioribus majoribus valvula subclaudendis; rostro obtuso convexo, apice ante oculi partem inferiorem sito, oculo breviore, non ante os prominente, antice superne verruculoso; osse suborbitali anteriore pentagono apice sursum spectante, angulis anteriore et posteriore rotundatis; osse suborbitali 2° quadrangulari duplo circ. longiore quam lato; osse suborbitali 3° osse suborbitali 2° multo latiore minus duplo longiore quam lato margine inferiore valde convexo; maxilla superiore vix ante maxillam inferiorem prominente, mediocriter oblique antrorsum protractili, ante oculum desinente, 4 fere in longitudine capitis; maxilla inferiore cochleariformi symphysi tuberculo nullo; rictu parvo obliquo; cirro supramaxillari brevi parum conspicuo; labiis mediocribus; sulco infralabiali symphysin attingente; operculo laevi duplo fere altiore quam lato margine inferiore convexo; dentibus pharyngealibus uniseriatis 5/5 compressis leviter uncinatis margine interno pluricrenulatis; osse scapulari obtusé rotundato; dorso elevato angulato; cauda parte libera paulo longiore quam alta; squamis lateribus 35 circ. in serie longitudinali, 13 circ. in serie transversali spinam dorsalem inter et pinnam ventralem, 15 circ. in serie longitudinali occiput inter et pinnam dorsalem; linea laterali..? ano medio pinnas ventrales inter et analem perforato; pinna dorsali basi caudalis triplo magis quam apici rostri approximata, radio postico radiis analibus subposticis opposito, spinis medio circiter apicem rostri inter et basin caudalis insertis, basi $2\frac{2}{3}$ ad $2\frac{3}{4}$ in longitudine corporis absque pinna caudali, duplo circiter longiore quam alta, corpore duplo circiter humiliore, antice quam postice duplo circiter altiore, obtusa, non vel vix emarginata, spina 1a vix conspicua, spina 2a gracili spina 3a minus duplo breviore, spina 3a ossea valida capite absque rostro non vel vix breviore; pinnis pectoralibus acutis capite absque rostro non vel vix brevioribus ventrales non attingentibus; ventralibus paulo ante dorsalem insertis, acutiusculis, pectoralibus non brevioribus, analem fere attingentibus; anali sub medio pinnae dorsalis incipiente, capite longiore, dorsali non vel vix humiliore, sat multo longiore quam antice alta, acuta, vix emarginata, spina 1a minima, spina 2a gracili spina 3a non valde multo breviore, spina 3a ossea valida spina dorsali 3a non breviore; pinna caudali lobis acutis $4\frac{2}{3}$ ad $4\frac{3}{4}$ in longitudine totius corporis; colore corpore superne viridescente, inferne argenteo; iride flavescente; pinnis roseis, dorsali et anali radiis fuscescente variegatis.

B. 3. D. 3/17 vel 3/18. P. 1/13. V. 2/7. A. 3/12 vel 3/13. C. 1/17/1 absque lat. brev.

Hab. Yang-tse-kiang flum.?

Longitudo speciminis descripti 128‴.

Rem. Des trois espèces d'Acanthorhodeus, envoyées de Chine par M. Dabry, le macropterus a le corps le plus allongé, le profil le moins courbé et la ligne rostro-nuchale le moins concave. L'unique individu qui est à ma disposition, a perdu toutes ses écailles mais on peut fort bien les compter par les vestiges. Je ne puis plus rien voir de la ligne latérale, mais les autres espèces l'ayant bien marquée et complète, il est probable qu'elle se trouve, dans le macropterus, tracée de la même manière.

Acanthorhodeus Guichenoti Blkr, Tab. XIII fig. 2.

Acanthorhod. corpore oblongo compresso, altitudine 2 circ. in ejus longitudine absque-, $2\frac{2}{3}$ circ. in ejus longitudine cum pinna caudali; latitudine corporis $3\frac{3}{4}$ circ. in ejus altitudine; capite acutiusculo $4\frac{1}{2}$ circ. in longitudine corporis absque-, $5\frac{1}{2}$ circ. in longitudine corporis cum pinna caudali; altitudine capitis 1 et paulo-, latitudine capitis 2 fere in ejus longitudine; oculis diametro $3\frac{1}{2}$ circ. in longitudine capitis, diametro $1\frac{1}{2}$ circ. in capitis parte postoculari, diametro $1\frac{1}{4}$ circ. distantibus; linea rostro-dorsali rostrum inter et nueham concava; linea interoculari convexa ; naribus ante oculi partem superiorem perforatis, posterioribus anterioribus majoribus valvula claudendis; rostro convexiusculo apice ante medium oculum sito, oculo non breviore, non ante os prominente, superne verruculoso ; osse suborbitali anteriore pentagono apice sursum spectante angulis anteriore et posteriore rotundatis; osse suborbitali 2° quadrangulari, minus duplo longiore quam lato; osse suborbitali 3° osse suborbitali 2° multo latiore, duplo circ. longiore quam lato margine inferiore valde convexo; maxilla superiore vix ante maxillam inferiorem prominente, mediocriter deorsum protractili, ante oculum desinente, 4 fere in longitudine capitis; maxilla inferiore cochleariformi symphysi tuberculo nullo; rictu parvo obliquo ; cirro supramaxillari brevi parum conspicuo ; labiis mediocribus ; sulco infralabiali symphysin attingente ; operculo laevi duplo fere altiore quam lato, margine inferiore convexo; dentibus pharyngealibus uniseriatis 5/5 compressis leviter uncinatis margine interno pluricrenulatis ; osse scapulari obtuse rotundato ; dorso valde elevato subangulato; cauda parte libera paulo longiore quam alta; squamis parte libera radiatim striatis striis parum conspicuis; squamis 38 ad 40 in linea laterali, 13 vel 14 in serie transversali pinnam dorsalem inter et ventralem, 15 circ. in serie longitudinali occiput inter et pinnam dorsalem; linea laterali parum curvata, pinnae ventrali conspicue magis quam dorsali approximata, singulis squamis tubulo simplice notata ; ano medio pinnas ventrales inter et analem perforata ; pinna dorsali basi caudalis triplo magis quam apici rostri approximata, radio postico radiis analibus subposticis opposito, spinis medio circ. apicem rostri inter et basin caudalis insertis, basi $2\frac{2}{3}$ circ. in longitudine corporis absque pinna caudali, duplo fere longiore quam alta, corpore duplo circiter humiliore, antice quam postice minus duplo altiore, obtusa, convexa, spina 1ª vix conspicua, spina 2ª gracili spina 3ª minus duplo breviore, spina 3ª sat valida capite absque rostro vix breviore; pectoralibus acutis capite absque rostro non brevioribus ventrales non attingentibus; ventralibus paulo ante dorsalem insertis pectoralibus non brevioribus analem fere attingentibus; anali sub medio pinnae dorsalis incipiente, capite longiore, dorsali vix humiliore, multo longiore quam antice alta, acuta, non vel vix emarginata, spina 1ª minima, spina 2ª gracili spina 3ª non valde multo breviore, spina 3ª valida spina dorsali 3ª non breviore; caudali lobis acutis, 5 circ. in longitudine totius corporis ; colore corpore superne viridescente, inferne argenteo; iride flavescente; pinnis roseis dorsali et anali radiis fuscescente variegatis.

B. 3. D. 3/17 vel 3/18. P. 1/12. V. 2/7. A. 3/13 vel 3/14. C. 1/13/1 et lat. brev.

Hab. Yang-tse-kiang flum. (Dabry).

Longitudo speciminis descripti 138'''.

Rem. L'unique individu qui m'a été envoyé de Paris portait l'étiquette, Perilampus ocellatus Kner. Il est cependant d'une espèce fort distincte, un vrai Acanthorhodeus, qui a de commun avec l'Acanthorhodeus macropterus une dorsale à 17 ou 18 rayons divisés, mais qui s'en distingue par son dos beaucoup plus élevé, par son profil qui est beaucoup plus concave, par des proportions différentes de la hauteur du corps et de la longueur de la tête, par les écailles qui sont plus nombreuses, par l'anale qui est soutenue par un rayon de plus, etc.

Acanthorhodeus hypselonotus Blkr, Tab. XI, fig. 2.

Acanthorhod. corpore oblongo compresso, altitudine $1\frac{3}{4}$ circ. in ejus longitudine absque-, $2\frac{1}{3}$ circ. in ejus longitudine cum pinna caudali; latitudine corporis $4\frac{1}{2}$ circ. in ejus altitudine; capite obtusiusculo 4 circ. in longitudine corporis absque-, 5 et paulo in longitudine corporis cum pinna caudali; altitudine capitis 1 et paulo-, latitudine capitis 2 circ. in ejus longitudine; oculis diametro 3 fere in longitudine capitis, diametro 1 et paulo in capitis parte postoculari, diametro 1 et paulo distantibus ; linea rostro-dorsali rostrum et dorsum inter valde concava ; linea interoculari convexa; naribus ante oculi partem superiorem perforatis posterioribus anterioribus majoribus valvula claudendis; rostro obtuso convexo, apice ante pupillae partem inferiorem sito, oculo breviore, non ante os prominente, verruculis conspicuis nullis; osse suborbitali anteriore pentagono apice sursum spectante; osse suborbitali 2° quadrangulari plus duplo altiore quam lato; osse suborbitali 3° osse suborbitali 2° multo latiore duplo circ. longiore quam lato margine inferiore valde convexo; maxilla superiore vix ante maxillam inferiorem prominente, mediocriter deorsum protractili, ante oculum desinente, 4 circ. in longitudine capitis; maxilla inferiore cochleariformi symphysi tuberculo nullo; rictu parvo obliquo; cirris non conspicuis; labiis mediocribus; sulco infralabiali symphysin attingente; operculo laevi, duplo circ. altiore quam lato margine inferiore convexo; dentibus pharyngealibus uniseriatis 5/5 compressis leviter uncinatis margine interno pluricrenulatis; osse scapulari obtuse rotundato; dorso valde elevato angulato; cauda parte libera paulo longiore quam alta; squamis non conspicue striatis parte libera duplo circ. altioribus quam latis, 30 circ. in linea laterali, 13 in serie transversali dorsalem inter et ventralem quarum 7 dorsalem inter et lineam lateralem, 15 in serie longitudinali occiput inter et pinnam dorsalem; linea laterali parum curvata, pinnae ventrali non multo magis quam spinae dorsali approximata, singulis squamis tubulo simplice notata; ano medio pinnas ventrales inter et analem perforato; pinua dorsalı basi caudalis triplo magis quam apici rostri approximata, radio postico radiis analibus subposticis opposito, spinis medio circ. frontem inter et basin caudalis insertis, basi $2\frac{3}{4}$ circ. in longitudine corporis absque pinna caudali, minus duplo longiore quam alta, corpore sat multo plus duplo humiliore, antice quam postice duplo circ. altiore, obtusa, convexa, spina 1ª vix conspicua, spina 2ª gracili spina 3ª minus duplo breviore, spina 3ª sat valida capite absque rostro non breviore; pectoralibus acutis capite paulo brevioribus ventrales attingentibus; ventralibus paulo ante dorsalem insertis pectoralibus non brevioribus, acutis, analem attingentibus; anali paulo ante medium dorsalis incipiente, capite longiore, dorsali humiliore, multo longiore quam antice alta, acuta, leviter emarginata, spina 1_a minima, spina 2ª gracili spina 3ª minus duplo breviore, spina 3ª valida spina dorsi 3ª non vel vix breviore; caudali lobis acutis 4 et paulo in longitudine totius corporis; colore corpore superne viridi, inferne argenteo; iride flavescente; pinnis flavis vel roseis, dorsali et anali radiis fuscescente variegatis, anali inferne nigro leviter marginata.

B. 3. D. 3/14 vel 3/15. P. 1/11 vel 1/12. V. 2/7. A. 3/12 vel 3/13. C. 1/17/1 et lat. brev.

Hab. Yang-tse-kiang flum. (Dabry).

Longitudo speciminis descripti 78‴.

Rem. Cette espèce est fort distincte des deux précédentes, tant par la forme du corps que par les formules des nageoires et des écailles. Elle a le corps plus raccourci et le dos plus élevé, et je n'y compte que 30 écailles dans la ligne latérale et que 14 ou 15 rayons divisés à la dorsale. Je n'y puis pas trouver non plus des barbillons supramaxillaires.

Leuciscus aethiops Basil., Ichthyogr. Chin. boreal. Nouv. Mém. Soc. Nat. Mosc. X p. 233 tab. 6 fig. 1. Tab. XIV, fig. 1.

Leucisc. corpore subelongato compresso, altitudine 4 circiter in ejus longitudine absque-, 5 fere ad $4\frac{4}{5}$ in ejus longitudine cum pinna caudali; latitudine corporis $1\frac{2}{3}$ ad $1\frac{3}{4}$ in ejus altitudine; capite acuto depressiusculo 4 ad $4\frac{1}{5}$ in longitudine corporis absque-, 5 ad $5\frac{1}{4}$ in longitudine corporis cum pinna caudali; altitudine capitis $1\frac{1}{3}$ circiter-, latitudine capitis $1\frac{3}{4}$ ad $1\frac{2}{3}$ in ejus longitudine; linea rostro-nuchali declivi rectiuscula; linea interoculari convexa; oculis diametro $3\frac{1}{2}$ ad $4\frac{1}{2}$ in longitudine capitis, diametro $1\frac{1}{2}$ ad $2\frac{1}{4}$ in capitis parte postoculari, diametro 1 et paulo ad 2 distantibus; rostro acuto depresso oculo junioribus breviore, aetate provectis vix vel non longiore; naribus ante oculi partem superiorem perforatis, posterioribus anterioribus majoribus valvula claudendis; osse suborbitali anteriore pentagono apice sursum spectante; ossibus suborbitalibus 2° et 3° gracilibus, plus triplo longioribus quam latis; maxilla superiore maxilla inferiore paulo longiore, oblique antrorsum mediocriter protractili, sub oculi margine anteriore desinente, $3\frac{1}{3}$ ad $3\frac{1}{2}$ in longitudine capitis; maxilla inferiore humili symphysi tuberculo nullo, ramis post symphysin divergentibus et postice convergentibus; labiis mediocribus; sulco infralabiali symphysin subattingente; operculo radiatim rugoso scabro, latitudine $1\frac{1}{3}$ ad $1\frac{1}{4}$ in ejus altitudine, margine inferiore rectiusculo vel concaviusculo; dentibus pharyngealibus ossibus validis latis insertis uniseriatis 4/5 vel 4/3 vel 5/2, molaribus, corona obtusa laevi planiuscula vel rotundata; osse scapulari obtuse rotundato; cauda parte libera non ad paulo longiore quam alta; ventre post pinnas ventrales non carinato; squamis parte libera et parte basali radiatim striatis, 42 in linea laterali, 11 in serie transversali pinnam dorsalem inter et ventralem quarum 6 dorsalem inter et lineam lateralem, 16 circ. in serie longitudinali occiput inter et pinnam dorsalem; linea laterali parum curvata ventrali paulo magis quam dorsali approximata, singulis squamis tubulo simplice notata; pinna dorsali basi caudalis multo magis quam apici rostri approximata, radio 1° basi caudalis quam rostri apici paulo tantum propiore, corpore juvenilibus non aetate provectis non multo humiliore, multo sed multo minus duplo altiore quam basi longa, acuta vel obtusiuscula, non emarginata, radio simplice 3º gracili; pectoralibus capite absque rostro non vel vix brevioribus, acutiusculis vel obtusiusculis, ventrales non attingentibus; ventralibus radiis dorsalibus fissis anterioribus oppositis pectoralibus paulo brevioribus, acutiusculis vel obtusiusculis, analem non attingentibus; anali mox post anum incipiente, dorsali vix breviore et paulo humiliore, acuta, non emarginata; caudali lobis acutiusculis vel obtusiusculis 4¾ ad 5 in longitudine totius corporis; colore corpore superne violascente-olivaceo, basi squamarum profundiore, inferne flavescente vel albido; iride flavescente vel aurea; pinnis omnibus violascente-nigris.

B. 3. D. 3/7 vel 3/8. P. 1/17. V. 2/8. A. 3/8 vel 3/9. C. 6/17/6 lat. brev. incl.

Syn. *Chanodichthys ? aethiops* Blkr, Ichth. Arch. Ind. Prodr. II Cypr. p. 282.
Leuciscus dubius Blkr, Notic. Cyprin. Chin. Ned. Tijdschr. Dierk. II p. 19.

Hab. Yang-tse-kiang flum. (Dabry).

Longitudo 4 speciminum 115''' ad 330'''.

Rem. Cette espèce n'était connue jusqu'ici que par la description et par la figure qu'en a publiées M. Basilewski. Cette description est fort insuffisante, mais la figure fait assez bien reconnaître l'espèce, bien qu'elle représente la tête trop petite, le corps un peu trop élevé, les écailles un peu trop nombreuses, les yeux trop petits, etc. L'espèce est fort voisine, dans son port et dans la pluralité de ses caractères, du Leuciscus idellus, mais elle s'en fait distinguer aisément par la tête qui est beaucoup moins large et par les nageoires qui toutes sont noires. Le principal caractère par lequel l'aethiops se distingue se trouve dans la dentition, dans les fortes molaires unisériales implantées sur des os très-forts et très-larges, caractère auquel on ne manquera pas dans l'avenir d'attribuer une valeur plus que spécifique.

Les individus de cette espèce m'ont été envoyés sous le nom de Leuciscus dubius Blkr. M. Guichenot a fait cette détermination en les comparant à l'individu, ayant fait partie d'un envoi antérieur du Muséum d'Histoire naturelle du Jardin des Plantes et que j'ai indiqué en 1864, dans le mémoire cité, sans en donner une description, vu son mauvais état de conservation. Je suis bien certain maintenant qu'il ne s'agit ici que d'une espèce établie déjà par M. Basilewski.

Leuciscus idellus Val., Hist. nat. Poiss. XVII p. 270; Richards., Rep. Ichth. Chin. Rep. 15 meet. Brit. assoc. p. 297. Tab. X, fig. 2.

Leucisc. corpore subelongato compresso, altitudine 4 circ. in ejus longitudine absque-, 5 fere in ejus longitudine cum pinna caudali; latitudine corporis 1⅔ circ. in ejus altitudine; capite acuto depresso 4 circ. in longitudine corporis absque-, 5 circ. in longitudine corporis cum pinna caudali; altitudine et latitudine capitis 1⅔ circ. in ejus longitudine; linea rostro-nuchali declivi rectiuscula; linea interoculari convexa; oculis diametro 4¾ circ. in longitudine capitis, diametro 2½ circ. in capitis parte postoculari, diametris 2⅔ circ. distantibus; rostro acuto depresso, oculo paulo longiore, apice ante medium oculum sito; naribus facie rostri superiore perforatis sursum spectantibus posterioribus anterioribus majoribus valvula claudendis; osse suborbitali anteriore pentagono apice sursum spectante; ossibus suborbitalibus 2° et 3° gracilibus plus triplo longioribus quam latis; maxilla superiore maxilla inferiore paulo longiore, oblique antrorsum mediocriter protractili, paulo ante oculum desinente, 3¾ circ. in longitudine capitis; maxilla inferiore humili, symphysi tuberculo nullo, ramis post symphysin distantibus parallelis; labiis mediocribus; sulco infralabiali symphysin subattingente; operculo subradiatim striato, latitudine 1¼ circ. in ejus altitudine, margine inferiore convexiusculo; dentibus pharyngealibus biseriatis 1.4/4.2 vel 1.4/4.1 compressis apice curvatis facie masticatoria utroque latere pluricrenulata sulco medio lineari; osse scapulari obtuse rotundato; cauda parte libera aeque alta circ. ac longa; squamis parte libera et parte basali subradiatim striatis, 40 circ. in linea laterali, 13 in serie transversali dorsalem inter et ventralem quarum 7 dorsalem inter et lineam lateralem, 18 circ. in serie longitudinali occiput inter et pinnam dorsalem; linea laterali parum curvata ventrali paulo magis quam dorsali approximata, singulis squamis tubulo simplice notata; ventre post pinnas ventrales non carinato; pinna dorsali basi caudalis multo magis quam apici rostri approximata, radio 1° medio circiter basin caudalis inter et oculum inserta, corpore multo humiliore, multo minus duplo altiore quam basi longa, acuta, convexiuscula, radio simplice 3° gracili; pinnis pectoralibus acutiusculis capitis parte postoculari vix longioribus; ventralibus radiis dorsalis fissis anterioribus oppositis, capitis parte postoculari vix longioribus, obtusiusculis, analem non attingentibus; aneli mox post anum incipiente dorsali paulo breviore et humiliore, acuta, non emarginata; pinna caudali lobis acutiusculis 5 circ. in longitudine totius corporis; colore corpore superne profunde olivaceo, inferne argenteo; squamis dorso lateribusque singulis basi vittula transversa subsemilunari fusca; iride flavescente-aurea; pinnis roseis vel aurantiacis, imparibus fusco dense arenatis.

B. 3. D. 3/7 vel 3/8. P. 1/20. V. 2/8. A. 3/8 vel 3/9. C. 8/17/8 lat. brev. incl.

Syn. *Cyprinus cantonensis* Osb. Itin. p. 155, Bl. Schn., Syst. posth. p. 447?
Able idelle Val., Hist. nat. Poiss. XVII p. 270.
Leuciscus tschiliensis Basil., Ichth. Chin. bor. Nouv. Mém. Soc. Nat. Mosc. X p. 233.
Rasbora? tschiliensis Blkr., Ichth. Arch. Ind. Prodr. II Cypr. p. 286.
Ctenopharyngodon laticeps Steind., Ichth. Mittheil. IX, Verh. zool.-bot. Ges. Wien 1866 p. 782 tab. 18 fig. 1-5.
Ctenopharyngodon idellus Günth., Cat. Fish. VII p. 261.
Leuciscus Mertensii Guich., Mus. Paris.

Hab. Yang-tse-kiang flum. (Dabry).

Longitudo speciminis descripti 250'''.

Rem. Si l'on adopte le genre Leuciscus dans le sens Güntherien, l'espèce actuelle ne s'en laisse point séparer. Elle en a tous les caractères. M. Steindachner l'a érigée en genre distinct sous le nom de Ctenopharyngodon, à cause de la surface dentelée ou crénelée des dents pharyngiennes, caractère cependant qu'on retrouve dans le Leuciscus erythrophthalmus et dans d'autres espèces des genres Scardinius, Leucos et Squalius de quelques auteurs, et qui ne semble point justifier, à lui seul, l'établissement d'un genre distinct. L'idellus me paraît assez voisin du Leuciscus cephalus Flem. (Squalius dobula Heck. Kner).

Je trouve, parmi les poissons envoyés par M. Dabry, un second individu de l'idellus, plus petit que celui sur lequel la description a été prise, mais qui est si mal conservé qu'on n'y saurait presque pas reconnaître l'espèce que par la largeur du front et par la dentition.

Squaliobarbus curriculus Günth., Cat. Fish. VII p. 297. Tab. XIII fig. 3.

Squaliob. corpore elongato compresso dorso valde carnoso humili, altitudine $4\frac{2}{3}$ ad 4 et paulo in ejus longitudine absque-, $5\frac{1}{5}$ ad 5 et paulo in ejus longitudine cum pinna caudali; latitudine corporis $1\frac{3}{5}$ ad $1\frac{4}{5}$ in ejus altitudine; capite acutiusculo 5 circ. in longitudine corporis absque-, 6 ad 6 et paulo in longitudine corporis cum pinna caudali; altitudine capitis $1\frac{3}{5}$ ad $1\frac{1}{2}$-, latitudine capitis $1\frac{3}{5}$ circiter in ejus longitudine; linea rostro-nuchali declivi rectiuscula rostro tantum convexiuscula; oculis diametro $4\frac{2}{5}$ ad $4\frac{1}{2}$ in longitudine capitis, diametro $2\frac{1}{3}$ circ. in capitis parte postoculari, diametris 2 circ. distantibus; róstro convexiusculo oculo vix longiore, apice ante medium oculum desinente; naribus ante oculi partem superiorem perforatis, posterioribus anterioribus multo majoribus; osse suborbitali anteriore pentagono apice sursum spectante; ossibus suborbitalibus 2° et 3° duplo circ. longioribus quam latis, 3° quam 2° multo latiore margine inferiore valde convexo; osse postorbitali oculi diametro non multo graciliore; cirris minimis parum conspicuis, rostralibus interdum deficientibus; maxilla superiore verticaliter deorsum mediocriter protractili, vix ante oculum desinente, $3\frac{3}{5}$ circ. in longitudine capitis; maxilla inferiore maxilla superiore breviore humili depressa non curvata, symphysi tuberculo nullo, ramis post symphysin valde distantibus; labiis gracilibus; sulco infralabiali symphysin fere attingente; operculo vix vel leviter subradiatim rugoso, latitudine $1\frac{1}{3}$ circ. in ejus altitudine, margine inferiore rectiusculo; apertura branchiali sub praeoperculi parte posteriore desinente; dentibus pharyngealibus triseriatis 2.3.5/4.3.2 vel 2.4.5/4.4.2, vel 2.3.4/4.3.2 compressis subuncinatis facie masticatoria pláníusculâ oblongâ; peritoneo nigro; vesica natatoria bipartita; squamis parte libera subradiatim striatis, 44 vel 45 in linea laterali, 10 in serie transversali dorsalem inter et ventralem quarum 7 ($6\frac{1}{2}$) dorsalem inter et lineam lateralem, 15 vel 16 in serie longitudinali occiput inter et pinnam dorsalem; linea laterali sat curvata, ventrali multo magis quam dorsali approximata, singulis squamis tubulo simplice notata; cauda parte libera non multo longiore quam postice alta; pinna dorsali radio 1° medio circiter apicem rostri inter et basin pinnae caudalis insertâ et basi ventralis oppositâ; pinna dorsali corpore multo humiliore, sat multo altiore quam basi longa, acuta, leviter vel non emarginata; pinnis pectoralibus acutis capite paulo brevioribus longe ante ventrales desinentibus; ventralibus obtusiusculis pectoralibus brevioribus longe ante analem desinentibus; anali mox post anum incipiente, dorsali breviore et humiliore, acuta, vix emarginata; caudali lobis acutis 5 ad $5\frac{1}{2}$ in longitudine totius corporis; colore corpore superne olivaceo, inferne argenteo; iride rubra vel flava; squamis dorso lateribusque singulis basi macula oblonga transversa fusca vel nigricante; pinnis roseis vel flavescentibus, fusco plus minusve arenatis.

B. 3. D. 3/7 vel 3/8. P. 1/14 vel 1/15 vel 1/16. V. 2/8. A. 3/7 vel 3/8. C. 5/17/5 lat. brev. incl.

Syn. *Leuciscus curriculus* Rich., Report ichth. China in Rep. 15[h] meet. Brit Assoc. p. 299?

Leuciscus teretiusculus Bas., Ichth. Chin. bor. Nouv. Mem. Soc. Nat. Mosc. X p. 232, Tab. 4 fig. 1.

Rasbora curricula Blkr, Ichth. Arch. Ind. Prodr. II Cypr. p. 286.

Rasbora teretiuscula Blkr, ibid., Notic. Cyprin. Chine, Ned. T. Dierk. II p. 26.

Sarcocheilichthys teretiusculus Kner, Zool. Novara, Fisch. p. 356.

Hab. Ning-po (Simon); Yang-tse-kiang flum. (Dabry); Kiu-kiang lac. (David).

Longitudo 2 speciminum 318‴ et 404‴.

Rem. L'individu de 404‴ est originaire de Ning-po, celui de 318‴ du Yang-tse-kiang. L'envoi du Muséum de Paris contient en outre cinq individus d'une longueur de 150‴ a 170‴, pêchés dans le lac Kiu-kiang, mais très-mal conservés.

L'espèce est voisine des Rasbora, genre auquel j'ai cru autrefois devoir la rapporter. M. Günther depuis l'a érigée en genre distinct et c'est en effet un type distinct du Rasbora, tant par l'écaillure, que par la forme du museau et de la mâchoire inférieure, par l'insertion de la dorsale au dessus des ventrales, etc. Dans l'individu de Ning-po, je trouve tous les barbillons, mais dans celui du Yang-tse-kiang ceux du museau manquent absolument. Ceux du lac Kiu-kiang sont trop mal conservés pour qu'on puisse constater leur absence ou leur présence. Les barbillons n'étant que rudimentaires et point constants, ne sont ici que d'une valeur diagnostique secondaire.

LUCIOBRAMA Blkr.

Corpus valde elongatum compressum microlepidotum. Caput valde elongatum, acutum. Rictus magnus obliquus. Maxilla inferior prominens. Labia simplicia. Cirri nulli. Venter antice planus non carinatus, squamosus. Linea lateralis parum curvata. Pinna dorsalis ventrales inter et analem sita, brevis, anacantha. Pinna analis brevis. Apertura branchialis ampla. Dentes pharyngeales uniseriati aciculares laeves 4/4. Vesica natatoria biloba.

Rem. Le genre Luciobrama présente, dans le grand groupe des Leuciscini, un type des plus remarquables par l'allongement extraordinaire de la tête et du tronc. Il est du reste voisin du genre Aspius, dont il se distingue cependant encore par la forme et par la formule des dents et par les fort-petites écailles.

Luciobrama typus Blkr., Tab. I fig. 2.

Luciobr. corpore valde elongato compresso, altitudine 7¼ circiter in ejus longitudine absque-, 8½ circiter in ejus longitudine cum pinna caudali; latitudine corporis 2 fere in ejus altitudine; capite valde acuto 3 et paulo in longitudine corporis absque-, 4¼ circiter in longitudine corporis cum pinna caudali; altitudine capitis 3 fere-, latitudine capitis 4½ circiter in ejus longitudine; capite postice quam ad oculos duplo altiore; oculis postice in capitis tertia parte anteriore sitis, diametro 10 ad 11 in longitudine totius capitis, diametro 7 ad 7½ in capitis parte postoculari, diametro 1½ circ. distantibus, membrana palpebrali iridem minore parte tegente; linea rostro-occipitali convaviusculâ; nâribus ânte oculi marginem superiorem perforatis, posterioribus quàm ânterioribus multo majoribus; rostro acuto, cum maxillâ superiore oculo duplo circiter longiore, apice ante oculi partem superiorem sito; osse suborbitali anteriore pentagono apice sursum spectante; osse suborbitali 2° subtetragono longiore quam alto; osse suborbitali 3° elongato longiore quam alto postice acute producto; maxilla superiore vix protractili, sub oculi parte anteriore desinente, 4½ circ. in longitudine capitis; maxilla inferiore ore clauso valde ante maxillam superiorem prominente symphysi subhamata; labiis mediocribus; sulco infralabiali symphysin subattingente; rictu valde obliquo; praeoperculo obtuse rotundato limbo latissimo inferne transversim rugoso; operculo laevi latiore quam alto margine inferiore rectiusculo vel convexiusculo; apertura branchiali medio circiter oculum inter et operculi angulum posteriorem desinente; dentibus pharyngealibus ossibus valde gracilibus insertis uniseriatis acicularibus vix curvatis 4/4; osse scapulari inferne rectangulo; squamis plus quam 120 in linea laterali, 80 circiter in serie longitudinali occiput inter et pinnam dorsalem; linea laterali parum curvata lineae ventrali paulo magis quam lineae dorsali approximata, singulis squamis tubulo simplice notata; dorso humili rectiusculo valde carnoso; ventre inferne antice plano postice carinato; cauda parte liberâ longiore quam postice alta; pinna dorsali basi pinnae caudalis plus duplo magis quam oculo approximata, medio circiter analem inter et ventrales sita, corpore vix humiliore, altiore quam basi longa, acuta, vix emarginata, radio 2° simplice gracili cartilagineo; pectoralibus capite absque rostro duplo circiter brevioribus, acutis; ventralibus pectoralibus non vel vix brevioribus, longe ante analem desinentibus; anali mox post anum incipiente, dorsali paulo longiore vel non altiore, acuta, leviter emarginata; caudali profunde incisa lobis (ex parte abruptis) 6? circ. in longitudine totius corporis; colore corpore superne viridi, inferne argenteo, iride flavescente; pinnis flavescentibus vel roseis.

B. 3. D. 2/8 vel 2/9. P. 1/16. V. 1/9. A. 3/11 vel 3/12. C. 7/17/7 lat. brev. incl.

Hab. Yang-tse-kiang flum.?

Longitudo speciminis descripti 285''' absque-, 330''' circ. cum pinna caudali.

XENOCYPRIS Günth.

Corpus oblongum compressum squamis mediocribus vel parvis vestitum. Caput breve. Rictus parvus subhorizontalis. Maxilla inferior non prominens. Labia simplicia. Cirri nulli. Venter ante ventrales non carinatus. Pinna dorsalis brevis ventralibus opposita spina valida edentula armata. Linea lateralis parum curvata. Pinna analis longitudine dorsali subaequalis, pluriradiata. Apertura branchialis ampla. Dentes pharyngeales triseriati compressi 2.3.7/7.3.2 vel 2.3.7/6.3.2 vel 2.3.6/6.3.2. Vesica natatoria bipartita.

Rem. Le genre Xenocypris me paraît le plus voisin du genre Acanthobrama Heck., où cependant la dorsale est implantée en arrière des ventrales, et où l'anale est plus allongée et soutenue par un plus grand nombre dé rayons. La formule des dents pharyngiennes, dans l'Acanthobrama, est en outre fort différente et = 5/5. Le nombre de 6 ou 7 dents dans l'une des rangées dans le genre actuel, est tout-à-fait caractéristique.

J'ai trouvé, dans les envois de Chine, quatre espèces de ce genre, qui se font aisément reconnaître par les caractères suivants.

1. Ecailles au nombre de 50 dans la ligne latérale. Hauteur du corps

4 fois dans sa longueur sans la caudale.

a. Tête $4\frac{1}{2}$ fois dans la longueur du corps sans la caudale. 8 rangées longitudinales d'écailles entre la dorsale et la ligne latérale.

Xenocypris macrolepis Blkr.

b. Tête 4 fois dans la longueur du corps sans la caudale. 7 rangées longitudinales d'écailles entre la dorsale et la ligne latérale.

Xenocypris tapeinosoma Blkr.

2. Ecailles au nombre de 65 dans la ligne latérale. Hauteur du corps $3\frac{2}{3}$ fois dans sa longueur sans la caudale. Tête 5 fois dans la longueur du corps sans la caudale. 10 ou 11 rangées longitudinales d'écailles entre la dorsale et la ligne latérale.

Xenocypris Davidi Blkr.

3. Ecailles au nombre de 76 dans la ligne latérale. Hauteur du corps $3\frac{1}{5}$ fois dans sa longueur sans la caudale. Tête 5 fois dans la longueur du corps sans la caudale. 15 rangées longitudinales d'écailles entre la dorsale et la ligne latérale.

Xenocypris microlepis Blkr.

Xenocypris macrolepis Blkr. Tab. V fig. 2.

Xenocypr. corpore oblongo compresso altitudine 4 circ. in ejus longitudine absque-, 5 circ. in ejus longitudine cum pinna caudali; latitudine corporis $2\frac{1}{4}$ circ. in ejus altitudine; capite acuto $4\frac{1}{2}$ circ. in longitudine corporis absque-, $5\frac{3}{4}$ circ. in longitudine corporis cum pinna caudali; altitudine capitis $1\frac{1}{3}$ circ.-, latitudine capitis 2 circ. in ejus longitudine; oculis subposteris diametro 3 et paulo in longitudine capitis, diametro $1\frac{1}{4}$ circ. in capitis parte postoculari, diametro 1 et paulo distantibus; lineis rostro-nuchali rectiuscula; linea interoculari convexa; rostro acutiusculo oculo breviore, apice ante medium oculum sito; naribus ante oculi partem superiorem perforatis, posterioribus

anterioribus multo majoribus; osse suborbitali anteriore pentagono apice sursum spectante; osse suborbitali 2° longiore quam lato; osse suborbitali 3° quam 2° multo latiore margine inferiore convexo; maxilla superiore maxilla inferiore paulo longiore, gracili, verticaliter deorsum protractili, longe ante oculum desinente, 4 ad $4\frac{1}{2}$ in longitudine capitis; maxilla inferiore planâ symphysi subhamata; labiis, superiore gracili, inferiore mediocri symphysin attingente; operculo laevi minus duplo altiore quam lato, margine inferiore convexiusculo; apertura branchiali sub praeoperculi parte posteriore desinente; dentibus pharyngealibus triseriatis 1.3.6/6.3.1 vel 2.3.6/6.3.2, serie longiore compressis acutis facie masticatoria lineari; osse scapulari triangulari acutiuscule rotundato; dorso angulato; ventre inferne plano nullibi carinato; squamis parte libera leviter subràdiàtim striatis, 50 circ. in linea laterali, 15 circ. in serie transversali pinnam dorsalem inter et ventralem quarum 8 lineam lateralem inter et spinam dorsalem, 20 circ. in serie longitudinali occiput inter et pinnam dorsalem; linea laterali antice declivi porro rectiuscula, pinnae ventrali non valde multo magis quam dorsali approximata; pinna dorsali basi caudalis paulo magis quam apici rostri approximata, radiis fissis anterioribus ventralibus opposita, longe ante analem desinente, corpore paulo humiliore, minus duplo altiore quam basi longa, acuta, spina 1ª vix conspicua, spina 2ª gracili spina 3ª duplo circ. breviore, spina 3ª valida capite breviore; pinnis pectoralibns acutis capite paulo brevioribus sat longe ante ventrales desinentibus; ventralibus acutis, pectoralibus paulo brevioribus longe ante analem desinentibus; anali mox post anum incipiente, dorsali breviore, paulo breviore quam antice alta, acuta, emarginata; caudali lobis acutis $4\frac{2}{3}$ circ. in longitudine totius corporis; colore corpore superne viridescente, inferne argenteo; iride flavescente; pinnis roseis vel flavescentibus.
B. 3. D. 3/7 vel 3/8. P. 1/13. V. 2/8. A. 3/9 vel 3/10. C. 1/17/1 et lat. brevior.

Syn. *Leuciscus argenteus* Bas., Ichth. Chin. bor. N. Mém. Mosc. X p. 232?
Hab. Yang-tse-kiang flum.?
Longitudo speciminis descripti 148'''.

Rem. Cette espèce se fait aisément reconnaître par les huit rangées longitudinales d'écailles entre la ligne latérale et la nageoire dorsale. Fort voisine de l'espèce suivante, elle s'en distingue principalement par le caractère susdit, ainsi que par la tête qui est plus petite et relativement plus haute.

Xenocypris tapeinosoma Blkr, Tab. XI fig. 1.

Xenoc. corpore oblongo compresso altitudine 4 circ. in ejus longitudine absque-, 5 et paulo in ejus longitudine cum pinna caudali; latitudine corporis 2 et paulo in ejus altitudine; capite acutiusculo 4 circ. in longitudine corporis cum pinna caudali; altitudine capitis $1\frac{1}{2}$ circ.-, latitudine capitis 2 et paulo in ejus longitudine; oculis superis diametro 3 circ. in longitudine capitis, diametro $1\frac{1}{3}$ circ. in capitis parte postoculari, diametro 1 circ. distantibus; linea rostro-nuchali fronte et occipite declivi rectiuscula; linea interoculari convexa; rostro acutiusculo convexo oculo breviore apice ante pupillae partem inferiorem sito; naribus ante oculi partem superiorem perforatis posterioribus anterioribus majoribus; osse suborbitali anteriore pentagono apice sursum spectante; osse suborbitali 2° gracili plus duplo longiore quam lato; osse suborbitali 3° quam 2° multo latiore margine inferiore convexo; maxilla superiore maxilla inferiore paulo longiore, gracili, verticaliter deorsum protractili, ante oculum desinente, 4 circ. in longitudine capitis; maxilla inferiore plana; labiis, superiore gracili, inferiore mediocri symphysin attingente; operculo laevi, latitudine $1\frac{1}{2}$ circ. in ejus altitudine, margine inferiore convexo; apertura branchiali sub praeoperculi parte posteriore desinente; dentibus pharyngealibus triseriatis 1.3.6/4.3.1 serie longiore compressis acutis facie masticatoria lineari; osse scapulari triangulari acutiuscule rotundato; dorso humili leviter angulato; ventre inferne plano nullibi carinato; squamis parte libera leviter subradiatim striatis, 50 circ. in linea laterali, 12 vel 13 in serie transversali pinnam dorsalem inter et ventralem quarum 7 lineam lateralem inter et spinam dorsalem, 20 circ. in serie longitudinali occiput inter et pinnam dorsalem; linea laterali antice declivi porro rectiuscula, ventrali non valde multo magis quam dorsali approximata; pinna dorsali basi caudalis paulo magis quam apici rostri approximata radiis fissis anterioribus ventralibus opposita, longe ante analem desinente, corpore paulo humiliore, minus duplo altiore quam basi longa, acuta, non emarginata, spina 1ª rudimentaria, spina 2ª gracili, spina 3ª duplo breviore, spina 3ª medtocri capite paulo breviore; pinnis pectoralibus acutis capite brevioribus sat longe ante ventrales desinentibus; ventralibus acutis pectoralibus brevioribus longe ante analem desinentibus; anali mox post anum incipiente dorsali paulo breviore, paulo breviore quam antice alta, acuta, emarginata;

caudali lobis acutis 5 fere in longitudine totius corporis; colore corpore superne viridi, inferne argenteo; iride flava; pinnis flavescentibus vel roseis. B. 2. D. 2/7 vel 2/8. P. 1/13 vel 1/14. V. 2/8. A. 3/9 vel 3/10. C. 1/17/1 et lat. brev.

Hab. Yang-tse-kiang flum. (Dabry).

Longitudo speciminis descripti 115'''.

Rem. Cette espèce est fort voisine du Xenocypris macrolepis tant par les formes générales que par les écailles et par la formule des nageoires. Elle se distingue cependant essentiellement par la tête, qui est plus grande, et par un nombre moindre de rangées longitudinales d'écailles. La 3e épine dorsale est aussi plus faible, les yeux sont plus haut placés, etc.

Le Leuciscus jesella Val., ètabli sur un dessin chinois, pourrait bien être de l'espèce actuelle.

Xenocypris Davidi Blkr, Tab. VI fig. 4.

Xenocypr. corpore oblongo compresso, altitudine $2\frac{2}{3}$ circ. in ejus longitudine absque-, $4\frac{1}{2}$ circ. in ejus longitudine cum pinna caudali; latitudine corporis $2\frac{3}{4}$ circ. in ejus altitudine; capite acuto 5 circ. in longitudine corporis absque-, $6\frac{1}{3}$ circ. in longitudine corporis cum pinna caudali; laltitudine capitis $1\frac{1}{2}$ circ.-, latitudine capitis 2 circ. in ejus longitudine; oculis subposteris diametro $3\frac{1}{3}$ ad $3\frac{1}{4}$ in longitudine capitis, diametro $1\frac{3}{5}$ circ. in capitis parte postoculari, diametro $1\frac{1}{4}$ circ. distantibus; linea rostro-dorsali rostro et dorso convexiuscula, rostrum inter et nucham rectiuscula; linea interoculari convexa; rostro acutiusculo, oculo breviore, apice ante medium oculum sito; naribus ante oculi partem superiorem perforatis, posterioribus quam anterioribus multo majoribus; osse suborbitali anteriore pentagono apice sursum spectants; osse suborbitali 2° longiore quam lato; osse suborbitali 3° quam 2° multo latiore margine inferiore convexo; maxilla superiore maxilla inferiore paulo longiore, gracili, verticaliter deorsum protractili, longe ante oculum desinente, $4\frac{1}{2}$ circ. in longitudine capitis; maxilla inferiore plana acie acuta symphysi subhamata; labiis, superiore gracili, inferiore mediocri symphysin attingente; operculo laevi, minus duplo altiore quam lato, margine inferiore convexo; apertura branchiali sub praeoperculi parte posteriore desinente; dentibus pharyngealibus triseriatis 2.3.7/7.3.2, gracilibus compressis acutis facie masticatoria lineari; osse scapulari triangulari acutiuscule rotundato; dorso elevato angulato; ventre inferne plano nullibi carinato; squamis parte libera radiatim striatis, 65 circ. in linea laterali, 21 circ. in serie transversali pinnam dorsalem inter et ventralem quarum 11 vel 12 lineam lateralem inter et pinnam dorsalem, 30 circ. in serie longitudinali occiput inter et pinnam dorsalem; linea laterali antice declivi porro rectiuscula ventrali sat multo magis quam dorsali approximata; pinna dorsali basi caudalis paulo magis quam apici rostri approximata radiis fissis anterioribus ventralibus opposita, longe ante analem desinente, corpore sat multo humiliore, duplo circ. altiore quam basi longa, acuta, spina 1ª vix conspicua, spina 2ª gracili spina 3ª duplo circ. breviore, spina 3ª valida capite vix breviore; pinnis pectoralibus acutis capite paulo brevioribus longe ante ventrales desinentibus; ventralibus acutis pectoralibus vix brevioribus longe ante analem desinentibus; anali mox post anum incipiente, dorsali non vel vix longiore, non vel vix longiore quam antice alta, acuta, emarginata; caudali lobis acutis $4\frac{2}{3}$? circ. in longitudine totius corporis; colore corpore superne viridescente, inferne argenteo; iride flavescente; pinnis roseis vel flavescentibus. Vesica natatoria biloba.

B. 3. D. 3/7 vel 3/8. P. 1/14 vel 1/15. V. 2/8. A. 3/11 vel 3/12. C. 8/17/8 vel 7/17/7 lat. brev. incl.

Hab. Yang-tse-kiang flum.?

Longitudo speciminis unici 211‴ circ.

Rem. Dans mes »Notices sur quelques genres et espèces de Cyprinoïdes de Chine" j'ai fait mention d'une espèce, sous le nom d'Acanthobrama Simoni (Ned. Tijdschr. Dierk. II p. 25), que je n'ai pas pu décrire vu le mauvais état de conservation de l'individu que j'avais à ma disposition, mais dont j'ai indiqué l'affinité probable. J'y trouvai les dents pharyngiennes minces et allongées, disposées sur une simple rangée et au nombre de six, la dorsale opposée aux ventrales, l'anale de médiocre longueur et à 11 rayons divisés, environ 50 écailles dans la ligne latérale, la tête mesurant $4\frac{2}{3}$ fois sans la longueur du corps sans la caudale et la hauteur du corps environ $5\frac{1}{2}$ fois dans cette même longueur. L'individu doit se trouver aux galeries du Muséum de Paris. Les dents pharyngiennes des rangées internes dans les espèces du genre étant fort caduques, il me paraît probable qu'elles puissent y avoir existé. La différence entre le Simoni et l'espèce actuelle resterait cependant pour le nombre des écailles, et cette différence est trop grande pour qu'on puisse penser à l'identité spécifique des individus. La formule de 50 écailles dans la ligne latérale du Simoni le fait approcher plutôt du macrolepis et du tapeinosoma, où cependant le corps est plus allongé.

M. Günther a établi le genre Xenocypris sur une espèce qu'il a brièvement décrite sous le nom de Xenocypris argenteà, et il pense que mon Acanthobrama Simoni d'autrefois pût bien être de la même espèce que son Xenocypris argentea. Cette espèce cependant a le corps plus allongé que les quatre espéces que je viens de décrire, sa hauteur mesurant 5 fois dans la longueur sans la caudale, et le Simoni lui-aussi a le corps beaucoup plus trapu que l'argentea. L'espèce de M. Günther est du reste plus voisine des Xenocypris macrolepis et tapeinosoma, que de l'espèce actuelle, tant par les formes que par les écailles. Dans l'argentea le nombre des écailles dans la ligne latérale, selon M. Günther, est de 54, et celui des écaillcs sur une rangée transversale de 17, nombres qui sont supérieurs à ceux du microlepis et du tapeinosoma. Maintenant qu'il est bien démontré, que la Chine nourrit plusieurs espèces du genre, l'argentea et le Simoni me paraissent devoir figurer, au moins provisoirement, comme deux espèces distinctes, dont la place naturelle est entre le tapeinosoma et le Davidi.

Le Davidi est parfaitement bien caractérisé, parmi ses congénères, par les 65 écailles dans la ligne latérale et par les 10 à 11 rangées longitudinales d'écailles entre la dorsale et la ligne latérale.

Xenocypris microlepis Blkr, Tab. IX.

Xenocypr. corpore oblongo compresso, altitudine $3\frac{1}{5}$ circ. in ejus longitudine absque-, 4 circ. in ejus longitudine cum pinna caudali; latitudine corporis $2\frac{3}{4}$ circ. in ejus altitudine; capite acuto 5 circ. in longitudine corporis absque-, $6\frac{1}{3}$ circ. in longitudine corporis cum pinna caudali; altitudine capitis $1\frac{1}{4}$ ad $1\frac{1}{3}$-, latitùdine capitis $1\frac{3}{4}$ circ. in ejus longitudine; oculis subposteris, diametro $3\frac{3}{4}$ circ. in longitudine capitis, diàmetro 2 fere in capitis parte postoculari, diametro $1\frac{1}{2}$ circ. distantibus; linea rostro-dorsali rostro et dorso convexa, rostrum inter et nucham rectiuscula; linea interoculari convexa; rostro acutiuscule rotundato paulo ante maxillam superiorem prominente, oculo non vel vix breviore, apice ante medium oculum sito; naribus ante oculi partem superiorem perforatis posterioribus anterioribus multo majoribus; osse suborbitali anteriore pentagono apice sursum spectante; osse suborbitali 2o longiore quam lato; osse suborbitali 3o quam 2o multo latiore margine inferiore valde convexo; maxilla superiore maxilla inferiore paulo longiore, gracili, verticaliter deorsum protractili, longe ante oculum desinente $4\frac{2}{3}$ circ. in longitudine capitis; maxilla inferiore plana aciè acuta symphysi subhamata; labiis gracilibus, inferiore symphysin attingente; operculo leviter radiatim rugoso minus duplo altiore quàm lato margine inferiore convexiusculo; apertura branchiali sub praeoperculi parte posteriore desinente; dentibus pharyngcalibus triseriatis 2.3.7/6.3.2 gracilibus compressis acutis facie masticatoria lineari; osse seapulari triangulari acutiuscule rotundato; dorso valde elevato angulato; ventre inferne plano, post ventrales valde obtuse carinato; squamis parte libera subradiatim leviter striatis, 76 circ. in linea laterali, 24 circ. in serie transversali pinnam dorsalem inter et ventralem quarum 15 lineam lateralem inter et dorsalem, 32 vel 35 in serie longitudinali occiput inter et pinnam dorsalem; linea laterali mediocriter curvata, ventrali sat multo magis quam dorsali approximata; pinna dorsali basi caudalis paulo magis quam apici rostri approximata, radiis fissis anterioribus ventralibus opposita, longe ante analem desinente, corpore non multo humiliore, duplo circ. altiore quam basi longa, acuta, spina 1a vix conspicua, spina 2a gracili spina 3a duplo circ. breviore, spina 3a valida capite sat multo longiore; pinnis pectoralibus acutis capite non multo brevioribus longe ante ventrales desinentibus; ventralibus acutis pectoralibus non vel vix brevioribus longe ante analem desinentibus; anali mox post anum incipiente dorsali non longiore, non vel vix longiore quam antice alta, acuta, emarginata; caudali lobis acutis $4\frac{2}{3}$ circ.? in longitudine totius corporis; colore corpore superne viridi, inferne argenteo; iride flavescente; pinnis roseis vel flavescentibus; vesica aërea bipartita.

B. 3. D. 3/7 vel 3/8. P. 1/17. V. 2/8. A. 3/11 vel 3/12. C. 8/17/8 vel 7/17/7 lat. brev. incl.

Hab. Yang-tse-kiang flum. (Dabry).

Longitudo speciminis descripti 328'''.

Rem. Cette espèce rappelle, par sa physionomie, l'Alose commune. Elle a le corps plus haut et les écailles notablement plus nombreuses encore que le Xenocypris Davidi. L'épine dorsale aussi est plus longue et plus forte que dans les autres espèces du genre.

Pseudobrama Blkr.

Corpus oblongum compressum squamis magnis vestitum. Caput breve rostro obtuso. Rictus parvus. Maxilla inferior non prominens. Cirri nulli. Venter planus non carinatus. Linea lateralis rectiuscula. Apertura branchialis ampla. Pinna dorsalis brevis paulo post ventrales inserta spina valida edentula armata. Pinna analis brevis pluriradiata dorsali longitudine subaequalis. Dentes pharyngeales uniseriati compressi 6/6.

Ce genre est extrêmement voisin du genre Xenocypris. Il ne s'en distingue que par la formule des dents pharyngiennes, par les grandes écailles et par l'insertion des ventrales en avant de la dorsale. C'est un type intermédiaire entre le Xenocypris et l'Acanthobrama. Quant à la dentition, je n'ai pas pu découvrir, dans les deux individus de l'espèce type que j'ai à ma disposition, de vestiges de rangées internes. Je considère le genre comme pas trop bien établi. Si l'on n'attache point de valeur générique ni à la formule des dents ni à l'insertion des ventrales en avant de la dorsale, il est manifeste que le genre doit rentrer dans le Xenocypris. L'espèce type serait donc, parmi ses congénères, celle qui a les écailles les plus grandes ou les moins nombreuses, et la seule où la dorsale commence en arrière des ventrales.

Pseudobrama Dumerili Blkr, Tab. VII fig. 1.

Pseudobram. corpore oblongo compresso, altitudine $3\frac{2}{3}$ ad $3\frac{1}{2}$ in ejus longitudine absque-, $4\frac{1}{2}$ circ. in ejus longitudine cum pinna caudali; latitudine corporis $2\frac{1}{2}$ circ. in ejus altitudine; capite obtusiusculo $4\frac{3}{5}$ ad $4\frac{2}{3}$ in longitudine corporis absque-, $5\frac{3}{4}$ ad 6 et paulo in longitudine corporis cum pinna caudali; altitudine capitis $1\frac{1}{4}$ ad $1\frac{1}{3}$-, latitudine capitis 2 circ. in ejus longitudine; oculis superis diametro $3\frac{1}{3}$ circ. in longitudine capitis, diametro $1\frac{3}{5}$ ad $1\frac{1}{2}$ in capitis parte postoculari, paulo plus diametro 1 distantibus; linea rostro-dorsali rostro et post nucham convexa, frontem inter et regionem postnuchalem concaviuscula; linea interoculari convexa; rostro oculo breviore obtuso convexo apice vix infra medium oculum sito; naribus ante oculi partem superiorem perforatis, posterioribus anterioribus multo majoribus; osse suborbitali anteriore pentagono apice sursum spectante; osse suborbitali 2° longiore quam lato; osse suborbitali 3° quam 2° multo latiore margine inferiore convexo; maxilla superiore maxilla inferiore paulo longiore, gracili, verticaliter deorsum protractili, ante oculum desinente, $4\frac{1}{2}$ ad 5 in longitudine capitis; maxilla inferiore plana symphysi tuberculo parvo; labiis tenuibus; operculo laevi non multo altiore quam lato margine inferiore convexiusculo vel rectiusculo; apertura branchiali sub praeoperculi parte posteriore desinente; dentibus pharyngealibus uniseriatis 6/6 gracilibus compressis acutis facie masticatoria lineari; osse scapulari triangulari apice acutiuscule rotundato; dorso elevato angulato; ventre ante pinnas ventrales plano, post ventrales obtuse carinato; squamis parte libera longitudinaliter striatis, 40 circ. in linea laterali, 14 in serie transversali pinnam dorsalem inter et ventralem quarum 8 lineam lateralem inter et spinam dorsalem, 18 ad 20 in serie longitudinali occiput inter et pinnam dorsalem; regione gulo-ventrali squamis pluriseriatis; linea laterali antice declivi porro rectiuscula pinnae ventrali multo magis quam pinnae dorsali approximata, singulis squamis tubulo simplice notata; pinna dorsali basi caudalis non multo magis quam apici rostri approximata, vix post basin ventralium incipiente et longe ante analem desinente, corpore humiliore, minus duplo altiore quam basi longa, acuta, leviter emarginata, spina 1ª rudimentaria, spina 2ª gracili spina 3ª duplo circiter breviore, spina 3ª valida capite non vel vix breviore; pinnis pectoralibus acutis capite non multo brevioribus ventrales non attingentibus; ventralibus acutis pectoralibus non vel paulo brevioribus analem non attingentibus; anali mox post anum incipiente, dorsali non longiore, antice paulo altiore quam basi longa, acuta, emarginata; caudali lobis acutis $4\frac{1}{2}$ circ. in longitudine totius corporis; colore corpore superne viridi, inferne argenteo; iride flavescente; pinnis roseis vel flavescentibus.

B. 3. D. 3/7 vel 3/8. P. 1/14. V. 2/8. A. 3/10 vel 3/11. C. 7/17/7 lat. brev. incl.

Hab. Yang-tse-kiang flum.?

Longitudo 2 speciminum 116‴ et 160‴.

Rem. Le Pseudobrama Dumerili mérite d'être comparé au dessin du Recueil du Muséum de Paris, sur lequel Valenciennes a établi le Leuciscus chevanella. Il me paraît possible que le chevanella pourrait bien être de la même espèce que celle qui fait le sujet de cet article. Je fais la même observation par rapport au Leuciscus xanthurus Rich., qui lui-aussi pourrait bien être établi sur une figure, prise sur un individu de l'espèce actuelle.

Chanodichthys mongolicus Blkr, Ichth. Arch. Prodr. II. Cypr. p. 400; Günth., Cat. Fish. VII p. 325; - Tab. II fig. 3.

Chanod. corpore elongato compresso, altitudine $4\frac{1}{2}$ ad $4\frac{1}{3}$ in ejus longitudine absque-, $5\frac{2}{3}$ ad $5\frac{1}{3}$ in ejus longitudine cum pinna caudali; latitudine corporis $2\frac{1}{3}$ ad 2 et paulo in ejus altitudine; capite acuto $4\frac{1}{3}$ ad $4\frac{1}{4}$ in longitudine corporis absque-, $5\frac{2}{5}$ ad $5\frac{1}{5}$ in longitudine corporis cum pinna caudali; altitudine capitis $1\frac{2}{3}$ circ.-, latitudine capitis $2\frac{1}{2}$ ad 2 et paulo in ejus longitudine; oculis diametro 4 ad 6 in longitudine capitis, 2 ad 3 in capitis parte postoculari, diametro 1 ad 2 fere distantibus; linea interoculari convexa; linea rostro-nuchali rectiuscula vel concaviuscula; rostro acuto apice ante oculi partem superiorem sito, juvenilibus oculo non longiore, aetate provectis oculo conspicue longiore; naribus ante oculi marginem superiorem perforatis, posterioribus anterioribus multo majoribus; osse suborbitali anteriore irregulariter pentagono apice sursum spectante; ossibus suborbitalibus ceteris gracilibus multo longioribus quam latis; maxilla superiore sub oculi margine anteriore vel vix ante oculum desinente, oblique antrorsum parum protractili, 3 circiter in longitudine capitis; maxilla inferiore ore clauso ante maxillam superiorem prominente, symphysi leviter sursum curvata sed non hamata; labiis gracilibus; sulco infralabiali symphysin subattingente; rictu valde obliquo sursum spectante; operculo non rugoso, multo minus duplo altiore quam lato, margine inferiore rectiusculo; apertura branchiali usque sub medio oculo producta; dentibus pharyngealibus triseriatis uncinato-compressoriis 2.3.5/5.3.2 vel 1.3.5/5.3.1; osse scapulari obtuse rotundato; ventre plano, post pinnas ventrales non carinato; vesica natatoria bipartita parte posteriore parte anteriore duplo longiore; squamis parte libera radiatim striatis, parte basali non striatis, 78 circ. in linea laterali, 22 in serie transversali spinam dorsalem inter et ventralem quarum 13 vel 14 dorsalem inter et lineam lateralem, 45 circ. in serie longitudinali occiput inter et pinnam dorsalem; squamis gulo-ventralibus numerosis postrorsum magnitudine vix accrescentibus; linea laterali mediocriter curvata, ventrali multo magis quam dorsali approximata, singulis squamis tubulo simplice notata; pinna dorsali basi pinnae caudalis magis quam rostri apici approximata, vix post ventrales incipiente et longe ante analem desinente, corpore non ad non multo humiliore, duplo ad plus duplo altiore quam basi longa, acuta, vix emarginata, spina 1ª gracili spina 2ª minus duplo breviore, spina 2ª valida capite absque rostro paulo longiore; pinnis pectoralibus lineae ventrali approximatis, acutis, capite absque rostro non longioribus, ventrales non attingentibus; ventralibus acutis, pectoralibus non vel paulo tantum brevioribus analem non attingentibus; anali dorsali duplo vel duplo fere longiore, capite non multo breviore, minus duplo longiore quam antice alta, acuta, emarginata; caudali lobis acutis subaequalibus 5 circ. in longitudine corporis; colore corpore superne viridi, inferne argenteo; rostro superne violascente; iride flava; pinnis flavescentibus vel roseis.

B. 3. D. 2/7 vel 2/8. P. 1/14 vel 1/15. V. 2/8. A. 2/19 vel 2/20 ad 2/21 vel 2/22. C. 5/17/5 lat. brev. incl.

Syn. *Leptocephalus mongolicus* Basil., Ichthyogr. Chin. boreal. Nouv. Mém. Soc. Nat. Mosc. X p. 234.

Leptocephalus mongolensis Basil. Ibid. Tab. 4 fig. 2.

Hab. Yang-tse-kiang flum.

Longitudo 3 speciminum 175‴, 190‴ et 440‴.

Rem. Le Muséum du Jardin des Plantes possède déjà un individu de cette espèce, dont j'ai dit quelques mots dans mes »Notices sur quelques genres et espèces de Cyprinoïdes de Chine" (Ned. Tijdschr. Dierk. II p. 23). Les trois individus du récent envoi m'ont mis à même d'en donner une description détaillée, qui complète celle qu'on doit à M. Basilewski. La figure publiée par cet auteur, sans être mauvaise, ne rend point exactement ni la forme des nageoires, ni celle de la mâchoire inférieure.

CULTER Basil.

Corpus oblongum vel elongatum compressum squamis parvis vestitum. Caput acutum. Rictus mediocris vel magnus obliquus. Maxilla inferior prominens. Labium inferius circa marginem maxillae inferne liberum. Os suborbitale anterius pentagonum apice sursum spectans. Oculi subposteri vel posteri. Apertura branchialis usque sub oculo producta. Linea lateralis parum curvata. Venter ante pinnas ventrales planus, post ventrales valde compressus carinatus. Pinna dorsalis brevis post ventrales inserta, basi alepidota, spinis 2 osseis edentulis armata, spina posteriore magna valida. Pinna analis elongata multiradiata. Dentes pharyngeales triseriati compressorii 2.4.4/5.4.2 vel 2.4.5/4.3.2, vel 2.4.5/4.4.2, vel 2.4.4/5.2.1, vel 2.3.5/4.4.2. Vesica aërea tripartita.

Rem. Le genre Culter est fort voisin du genre Chanodichthys, mais il s'en distingue essentiellement par l'abdomen qui est fort comprimé et forme une carène assez mince, par la lèvre inférieure qui entoure toute la partie libre de la mâchoire et dont le sillon se continue autour de la symphyse, par la vessie aërienne qui est trilobée, et par la position des yeux non au-dessus mais en arrière de la fente de la bouche.

Lorsque je publiai, il y a déjà plus de cinq ans, les »Notices sur quelques genres et espèces de Cyprinoïdes de Chine" (Ned. Tijdschr. Dierk. II p. 18) je ne connaissais, d'après nature, du genre Culter qu'une seule espèce, dont un individu mal conservé m'avait été envoyé par l'Administration du Muséum d'Histoire naturelle à Paris. Cet individu me mît à même de mieux définir le genre, que je ne l'avais pu faire d'après la description et les figures publiées par M. Basilewski, dans son Ichthyographia Chinae borealis. J'assignai sa place près des Osteobramae et je pus indiquer que dans le Culter le ventre n'est pas du tout comprimé en lame de couteau, comme dans les Chelae, mais aplati et arrondi en dessous. J'avais pu y ajouter que sous cette expression je n'entendis que la partie du ventre au devant des nageoires ventrales, puisque l'abdomen, la partie postventrale du ventre, dans les espèces du genre, est très comprimée et carénée, quoique toutefois nullement en lame de couteau comme dans les genres des Smiliogastrini.

Je rapportai l'individu, qui avait èté soumis à mon examen, à l'espèce du Culter erythropterus Bas., mais le mauvais état de conservation n'ayant pas permis de le décrire, et ne l'ayant plus à ma disposition, je ne saurais décider si en effet il soit à rapporter à l'erythropterus ou bien à l'ilishaeformis, espèce qui, elle-aussi, doit être voisine de l'erythropterus et dont la description va suivre.

Les figures de Culter de M. Basilewski me paraissent passablement correctes. Le dessinateur a manifestement tenu compte des caractères des mâchoires, de l'écaillure, des nageoires et même des rayons osseux de la dorsale. L'erythropterus Bas. appartient sans doute aux espèces du genre à 80 ou plus de 80 écailles dans la ligne laterale et l'alburnus à celles où ces écailles ne dépassent par le nombre de 70. Il y a donc lieu de les adopter comme espèces assez bien établies, ce qui ne se pourrait par dire des espèces dont M. Basilewski n'a publié que des descriptions.

Richardson, avant M. Basilewski, avait fait connaître une espèce de Culter sous le nom de Leuciscus recurviceps, mais sa description n'étant faite que sur un dessin chinois qui n'a pas été publié, la valeur de cette espèce reste contestable. M. Günther l'a inscrite comme synonyme de l'espèce qu'il a décrite sous le nom de Culter recurviceps, et à laquelle il rapporte aussi le Culter alburnus Basil. et, bien qu'à tort, le Culter erythropterus Kner.

M. Günther ne décrit que deux espèces de Culter, le Culter recurviceps et le Culter brevicauda. Il ne considère les Culter erythropterus Bas. et le Culter mongolicus Bas. que comme des espèces douteuses.

Je dois remarquer que, des six espèces de Culter, indiquées par M. Basilewski, les trois premières seulement sont de vrais Culter, que le Culter pekinensis et le Culter exiguus, espèces à abdomen non comprimé et convexe et à vessie natatoire bilobée, sont des Pseudoculter, et que le Culter leucisculus est un Hemiculter. Des quatre espèces de Culter, décrites par M. Kner dans la Zoologie du Novara deux n'appartiennent pas non plus au genre, le Culter leucisculus étant un Hemiculter et le Culter pekinensis un Parabramis. Le Culter alburnus Kner paraît être de la même espèce que le Culter alburnus Bas. et le Culter erythropterus Kner est d'une espèce distincte du Culter erythropterus Bas. qu'on pourrait désigner sous le nom de Culter Kneri.

J'ai maintenant devant moi cinq espèces de Culter, toutes originaires du fleuve Yang-tse-kiang, et envoyées au Muséum d'Histoire naturelle de Paris par M. Dabry. Je ne retrouve parmi ces espèces que le Culter brevicauda Günth.

Il y a donc au moins sept espèces de Culter connues. La huitième, le Culter mongolicus Bas., n'étant indiquée que par quelques phrases insignifiantes, reste douteuse. On ne saurait même pas dire à quel groupe d'espèces il soit à rapporter.

Les cinq espèces faisant partie de l'envoi du Muséum de Paris, sont aisément à distinguer par les caractères suivants.

I. Mâchoire inférieure fort élevée et fortement tronquée antérieurement. Dos peu élevé. Fente de la bouche presque vesticale. Tête $5\frac{1}{3}$ fois dans la longueur totale.

a. Ecailles dans la ligne latérale au nombre de 80, sur une rangée transversale entre la dorsale et la ligne latérale au nombre de 15. Hauteur du corps 6 fois dans la longueur totale. Epine dorsale de la longueur de la tête. Anale plus courte que la tête à formule 3/21 à 3/23. Partie libre de la queue plus longue que haute.

Culter ilishaeformis Blkr.

b. Ecailles au nombre de 65 à 70 dans la ligne latérale et au nombre de 12 sur une rangée transversale entre la dorsale et la ligne latérale. Hauteur du corps 5 fois dans la longueur totale. Partie libre de la queue aussi haute ou plus haute que longue. Epine dorsale plus courte que la tête. Anale plus longue que la tête à formule 3/28 ou 3/29.

Culter brevicauda Günth.

II. Mâchoire inférieure peu élevée et très-faiblement tronquée antérieurement. Profil du dos fortement courbé. Fente de la bouche tenant le milieu entre la direction verticale et l'horizontale. Ecailles au nombre de 65 à 70 dans la ligne latérale et au nombre de 11 ou 12 sur une rangée transversale entre l'épine dorsale et la ligne latérale.

a. Hauteur du corps $5\frac{1}{2}$ fois dans la longueur totale. Partie libre de la queue presque pas plus longue que haute. A. 3/28 ou 3/29.

Culter Dabryi Blkr.

b. Hauteur du corps 5 fois dans la longueur totale. Partie libre de la queue beaucoup plus longue que haute. A. 3/25 ou 3/26.

Culter hypselonotus Blkr.

c. Hauteur du corps 4 fois dans la longueur totale. Partie libre de la queue plus haute que longue. A. 3/25 ou 3/26. Tête fort pointue et peu élevée au devant des yeux.

Culter oxycephalus Blkr.

Culter ilishaeformis Blkr, Tab. X fig. 1.

Cult. corpore elongato compresso, altitudine $4\frac{3}{4}$ ad 5 in ejus longitudine absque-, 6 fere ad 6 et paulo in ejus longitudine cum pinna caudali; latitudine corporis $2\frac{1}{2}$ ad $2\frac{1}{3}$ in ejus altitudine; capite acuto $4\frac{2}{5}$ circit. in longitudine corporis absque-, $5\frac{1}{3}$ circit. in longitudine corporis cum pinna caudali; altitudine capitis $1\frac{2}{3}$ ad $1\frac{3}{5}$-, latitudine capitis $2\frac{2}{3}$ circ. in ejus longitudine; altitudine faciei ad nares $2\frac{2}{5}$ circ. in longitudine capitis; oculis diametro 4 fere ad 4 in longitudiue capitis, diametro 2 circ. in capitis parte postoculari, vix plus diametro $\frac{1}{2}$ distantibus; linea interoculari convexa; linea rostro-nuchali concava; rostro oculo breviore, apice ante vel supra oculi marginem superiorem sito; naribus ante oculi marginem supero-anteriorem perforatis posterioribus anterioribus majoribus; osse suborbitali anteriore pentagono apice sursum spectante; ossibus suborbitalibus ceteris gracilibus, plus duplo longioribus quam latis; maxilla superiore ante oculum desinente, 3 et paulo ad 3 in longitudine capitis, oblique antrorsum mediocriter protractili; maxilla inferiore ore clauso valde ante maxillam snperiorem prominente, antice valde truncata et elevata oculi diametro duplo circ. humiliore limbo inferiore subverticali; labiis, superiore mediocri, inferiore membranaceo lato pendulo circa symphysin continuo; rictu subverticali; operculo laevi, latitudine $1\frac{1}{3}$ circ. in ejus altitudinc, margine inferiore rectiusculo; dentibus pharyngealibus triseriatis gracilibus uncinatis 2.4.5/4.3.2; dorso humili leviter curvato; cauda parte libera multo longiore quam alta; squamis vix striatis, 80 circ. in linea laterali, 23 circ. in serie transversali pinnam dorsalem inter et ventralem quarum 15 circ. spinam dorsalem inter et lineam lateralem, 50 circ. in serie longitudinali occiput inter et pinnam dorsalem; linea laterali leviter curvata pinnae ventrali conspicue magis quam dorsali approximata; spina dorsali medio circ. apicem rostri inter et basin pinnae caudalis inserta; pinna dorsali medio oculum inter et basin pinnae caudalis et medio circiter ventrales inter et analem sita, corpore non vel vix humiliore, duplo circiter altiore quam basi longa, acuta, non emarginata, spina 1^a vix conspicua, spina 2^a gracili spina 3^a duplo circ. breviore, spina 3^a valida capite paulo vel vix breviore; pinnis pectoralibus acutis, capite paulo brevioribus ventrales non attingentibus; ventralibus acutis pectoralibus brevioribus analem non attingentibus; anali dorsali duplo circ. longiore, capite breviore, longitudine 5 fere ad 5 et paulo in longitudine corporis absque pinna caudali, multo minus duplo longiore quam antice alta, acuta, emarginata; caudali lobis acutis 5 et paulo in longitudine totius corporis; colore corpore superne viridi, inferne argenteo; iride flava; maxillis apice nigricantibus; pinnis roseis vel flavescentibus.

B. 3. D. 3/7 vel 3/8. P. 1/14. V. 2/8. A. 3/21 vel 3/22 vel 3/23. C. 8/17/8 lat. brev. incl.

Syn. *Culter erythropterus* Blkr, Notic. Cyprin. Chine, Ned. Tijdschr. Dierk. II p. 27? (nec Bas.).

Hab. Yang-tse-kiang flum. (Dabry).

Longitudo 2 speciminum 283''' et 362'''.

Rem. Bien que les individus décrits soient fort voisins du Culter erythropterus Bas. je préfère de les indiquer sous un nom spécifique distinct. En effet on ne peut juger de l'erythropterus Bas. que d'aprés la figure de l'Ichthyographia Chinae borealis. Or cette figure, si elle est un peu exacte, ne peut pas se rapporter à l'espèce que je viens de décrire. Elle représente les écailles plus nombreuses (presque une centaine sur une rangée longitudinale), le corps plus élevé (hauteur 4¼ fois dans la longueur sans la caudale), la tête plus courte (5 fois dans le corps sans la caudale) et relativement plus haute (hauteur 1¼ fois dans la longueur), les yeux beaucoup plus petits (plus de 5 fois dans la longueur de la tête et 3 fois dans sa partie postoculaire), la partie libre de la queue aussi haute que longue, la dorsale beaucoup plus basse et son épine beaucoup plus courte (longueur plus de 1½ fois dans la hauteur du corps), l'anale plus longue (longueur 4 fois dans la longueur du corps sans la caudale), la caudale plus courte (7 fois dans la longueur totale), la ligne latérale plus courbée, etc. Ces différences me semblent trop nombreuses et trop essentielles pour que j'osasse les attribuer à l'inexactitude du dessinateur, et je n'hésite donc pas à considérer les deux individus envoyés par M. Dabry comme appartenant à une espèce distincte.

Dans un envoi antérieur du Muséum de Paris j'ai trouvé un individu que j'ai indiqué, dans le mémoire cité, sous le nom de Culter erythropterus Bas. Cet individu, trop mal conservé pour en faire une description, permettait cependant de constater les formules suivantes. Dents pharyngiennes 2.4.4/5.4.2. D. 2/7 ou 2/8 (3/7 ou 3/8). P. 1/15. V. 2/8. A. 3/21. Cette dernière formule correspondant à celle des individus que j'ai sous les yeux, je pense que l'individu envoyé de Chine par M. Simon et qui doit se trouver maintenant aux galeries du Muséum de Paris, soit aussi de l'espèce actuelle.

J'ajoute encore que M. Basilewski, parlant, dans sa description de l'erythropterus, d'un »abdomen carinatum" a sans doute voulu indiquer par cet »abdomen" la partie postventrale du ventre, et nullement sa partie préventrale.

L'ilishaeformis se distingue éminemment des quatre autres espèces que j'ai devant moi, par les petites écailles, par la courte anale, et par la hauteur extraordinaire des branches de la mâchoire inférieure et de sa partie symphysiale et par la large lèvre qui entoure toute la symphyse. Les formes du corps, de la tête, des mâchoires et de l'anale rappellent vivement les Ilishae (Pellonae) à corps allongé.

Culter brevicauda Günth., Cat. Fish. VII p. 329; Tab. XI fig. 3.

Cult. corpore subelongato compresso, altitudine 4 fere in ejus longitudine absque-, 5 fere in ejus longitudine cum pinna caudali; latitudine corporis $2\frac{2}{3}$ circ. in ejus altitudine; capite acuto $4\frac{1}{2}$ circ. in longitudine corporis absque-, $5\frac{1}{3}$ circ. in longitudine corporis cum pinna caudali; altitudine capitis $1\frac{1}{3}$ fere-, latitudine capitis $2\frac{1}{3}$ circ. in ejus longitudine; altitudine faciei ad nares $2\frac{1}{3}$ circ. in longitudine capitis; oculis diametro $4\frac{1}{3}$ circ. in longitudine capitis, diametro $2\frac{1}{3}$ circ. in capitis parte postoculari, minus diametro 1 distantibus; linea interoculari convexa; linea rostro-nuchali concava; rostro oculo vix vel non breviore, apice supra oculi marginem superiorem sito; naribus supra oculi marginem supero-anteriorem perforatis posterioribus anterioribus majoribus; osse suborbitali anteriore oblique pentagono apice sursum spectante; ossibus suborbitalibus ceteris gracilibus plus duplo longioribus quam latis; maxilla superiore ante oculum desinente, 3 circiter in longitudine capitis, oblique antrorsum valde protractili; maxilla inferiore ore clauso ante maxillam superiorem prominente, antice truncata oculi diametro triplo circ. humiliore limbo inferiore subverticali; labiis mediocribus membranaceis, inferiore pendulo circa symphysin continuo; rictu subverticali; operculo radiatim striato, latitudine $1\frac{1}{3}$ circ. in ejus altitudine, margine inferiore rectiusculo; dentibus pharyngealibus triserialis gracilibus uncinatis 2.4.5/4.4.2; dorso curvato; cauda parte libera vix altiore quam longa; squamis parte libera radiatim leviter striatis, 65 circ. in linea laterali, 21 in serie transversali spinam dorsalem inter et ventralem quarum 12 spinam dorsalem inter et lineam lateralem, 40 circ. in serie longitudinali occiput inter et pinnam dorsalem; linea laterali sat curvata pinnae ventrali multo magis quam dorsali approximata; spina dorsali medio marginem praeoperculi posteriorem inter et basin caudalis inserta; pinna dorsali anali magis quam ventralibus approximata, corpore multo humiliore, minus duplo altiore quam basi longa, acuta, non emarginata, spina 1ª vix conspicua, spina 2ª gracili spina 3ª plus duplo breviore, spina 3ª mediocri sat valida capitis parte postoculari vix longiore; pinnis pectoralibus acutiuscule rotundatis capite paulo brevioribus ventrales fere attingentibus; ventralibus acutis pectoralibus paulo brevioribus analem non attingentibus; anali dorsali triplo fere et capite non multo longiore, basi $3\frac{3}{4}$ circ. in longitudine corporis absque pinna caudali, plus duplo longiore quam antice alta, acuta, emarginata; caudali lobis obtusiusculis $5\frac{2}{3}$ circ.? in longitudine totius corporis; colore corpore superne viridescente, inferne argenteo; squamis dorso lateribusque plurimis basi stria transversa nigricante; iride flavescente; pinnis roseis vel flavescentibus fusco plus minusve arenatis; maxillis apice nigricantibus.

B. 3. D. 3/7 vel 3/8. P. 1/14 vel 1/15. V. 2/8. A. 3/28 vel 3/29. C. 7/17/7 lat. brev. incl.

Hab. Yang-tse-kiang flum. (Dabry).

Longitudo speciminis descripti 299‴.

Rem. Le Culter brevicauda est voisin de l'ilishaeformis par la conformation de la mâchoire inférieure, quoique celle-ci soit déjà notablement moins haute surtout à la symphyse. Par les écailles ainsi que par l'anale il a plus d'affinité avec le Dabryi, le hypselonotus et l'oxycephalus, desquels cependant il se fait aisément distinguer par la hauteur de la partie libre de la queue et de la tête mesurée sur les narines, par l'insertion de l'épine dorsale beaucoup plus près de la caudale que du bout du museau, par l'épine dorsale elle même qui est beaucoup plus faible et plus courte, etc. La ligne du dos y est assez courbée, mais elle devient presque droite encore fort en avant de la nageoire.

Culter Dabryi Blkr, Tab. XII fig. 2.

Cult. corpore elongato compresso, altitudine $4\frac{1}{2}$ circ. in ejus longitudine absque-, $5\frac{1}{2}$ circ. in ejus longitudine cum pinna caudali; latitudine corporis

$2\frac{1}{3}$ circ. in ejus altitudine; capite acuto 4 et paulo in longitudine corporis absque-, 5 et paulo in longitudine corporis cum pinna caudali; altitudine capitis $1\frac{3}{5}$ circ.-, latitudine capitis $2\frac{1}{2}$ circ. in ejus longitudine; altitudine faciei ad nares $2\frac{1}{2}$ circ. in longitudine capitis; oculis diametro $4\frac{1}{2}$ circ. in longitudine capitis, diametro $2\frac{1}{3}$ circ. in capitis parte postoculari, minus diametro 1 distantibus; linea interoculari convexa; linea rostro-nuchali concaviuscula; rostro oculo non vel vix breviore apice ante oculi partem superiorem sito; naribus supra oculi marginem antero-superiorem perforatis, posterioribus anterioribus majoribus; osse suborbitali anteriore pentagono apice sursum spectante; ossibus suborbitalibus ceteris gracilibus plus duplo longioribus quam latis; maxilla superiore sub oculi margine anteriore desinente 3 circ. in longitudine capitis oblique antrorsum valde protractili; maxilla inferiore ore clauso ante maxillam superiorem prominente humili, antice vix truncata oculi diametro quadruplo circ. humiliore, limbo inferiore subhorizontali; labiis mediocribus, inferiore membranaceo symphysi gracili; rictu valde obliquo sursum spectante; operculo radiatim rugoso, latitudine $1\frac{1}{3}$ ad $1\frac{1}{4}$ in ejus altitudine, margine inferiore rectiusculo; dentibus pharyngealibus triseriatis gracilibus uncinatis 2.4.4/5.2.1; vesica natatoria triloba; dorso humili convexo; cauda parte libera vix longiore quam alta; squamis parte libera radiatim leviter striatis, 65 circ. in linea laterali, 17 vel 18 in serie transversali pinnam dorsalem inter et ventralem quarum 11 vel 12 spinam dorsalem inter et lineam lateralem, 40 circ. in serie longitudinali occiput inter et pinnam dorsalem; linea laterali leviter curvata pinnae ventrali magis quam dorsali approximata; spina dorsali medio oculi marginem anteriorem inter et basin caudalis inserta; pinna dorsali medio circ. ventrales inter et analem sita, corpore non humiliore, plus duplo altiore quam basi longa, acuta, non vel vix emarginata, spina 1ª vix conspicua, spina 2ª gracili spina 3ª sat multo minus duplo breviore, spina 3ª valida capite paulo breviore; pinnis pectoralibus acutiusculis, capite brevioribus, ventrales non attingentibus; ventralibus acutiusculis pectoralibus non vel vix brevioribus analem non attingentibus; anali dorsali multo plus duplo sed capite non longiore basi 4 circ. in longitudine corporis absque pinna caudali, minus duplo longiore quam antice alta, acuta, emarginata; caudali lobis acutis 5 circ. in longitudine corporis; colore corpore superne viridi, inferne argenteo; iride flava; maxillis apice nigricantibus; pinnis roseis vel flavescentibus, fusco plus minusve arenatis.

B. 3. D. 3/7 vel 3/8. P. 1/14 vel 1/15. V. 2/8. A. 3/28 vel 3/29. C. 7/17/7 lat. brev. incl.
Hab. Yang-tse-kiang flum. (Dabry).
Longitudo speciminis descripti 270'''.

Rem. La figure du Culter erythropterus Kner (nec Bas.) va assez bien à l'espèce actuelle pour ce qui concerne les formes générales du corps et des nageoires, mais elle rend fort différemment la direction et la forme des mâchoires, l'anale n'y présente que 22 rayons divisés et la caudale y porte deux bandes longitudinales noirâtres. La figure cependant ne cadre pas fort bien avec la description qui donne les formes plus trapues et la formule de l'anale = 2/27 au 2/28. Cette formule correspond à celle du Dabryi, mais je la retrouve aussi dans le Culter brevicauda, qui est d'une espèce fort différente. L'espèce de M. Kner mérite d'être mieux caractérisée surtout par rapport à la forme et à la direction des mâchoires. Je la crois distincte de celles que j'ai sous les yeux et propose de la nommer Culter Kneri.

Le Culter Dabryi est fort voisin aussi du Culter hypselonotus, mais se distingue suffisamment par sa taille plus suelte, par la tête qui est relativement plus grande, par l'élévation et la courbure beaucoup moindres du dos, par l'anale qui, bien que soutenue par un nombre plus considérable de rayons, n'est pas plus longue que la tête, etc.

Culter hypselonotus Blkr, Tab. VIII fig. 3.

Cult. corpore oblongo compresso, altitudine 4 circiter in ejus longitudine absque-, 5 circ. in ejus longitudine cum pinna caudali; latitudine corporis 3 circiter in ejus altitudine; capite acuto 4½ circ. in longitudine corporis absque-, 5½ circ. in longitudine corporis cum pinna caudali; altitudine capitis 1½ circ.-, latitudine capitis 2½ circ. in ejus longitudine; altitudine faciei ad nares 2½ circ. in longitudine capitis; oculis diametro 4 circ. in longitudine capitis, diametro 2 fere in capitis parte postoculari, minus diametro 1 distantibus; linea interoculari convexa; linea rostro-nuchali concaviuscula; rostro oculo vix vel non breviore, apice ante oculi partem superiorem sito; naribus ante oculi marginem antero-superiorem perforatis, posterioribus anterioribus multo majoribus; osse suborbitali anteriore pentagono apice sursum spectante; ossibus suborbitalibus ceteris gracilibus plus duplo longioribus quam latis; maxilla superiore sub oculi margine anteriore desinente 3 circiter in longitudine capitis, oblique antrorsum mediocriter protractili; maxilla inferiore ore clauso ante maxillam superiorem prominente humili, antice vix truncata oculi diametro quadruplo circ. humiliore, limbo inferiore subhorizontali; labiis mediocribus, inferiore membranaceo gracili circa symphysin pendulo; rictu valde obliquo sursum spectante; operculo radiatim rugoso, latitudine 1½ circ. in ejus altitudine, margine inferiore rectiusculo; dentibus pharyngealibus triserialis gracilibus uncinatis 2.3.5/4.4.2; vesica natatoria triloba; dorso sat elevato convexo; cauda parte libera multo longiore quam alta; squamis parte libera radiatim leviter striatis, 65 in linea laterali, 20 vel 21 in serie transversali pinnam dorsalem inter et ventralem quarum 11 vel 12 spinam dorsalem inter et lineam lateralem, 40 circ. in serie longitudinali occiput inter et pinnam dorsalem; linea laterali leviter curvata pinnae ventrali magis quam dorsali approximata; spina dorsali medio apicem rostri inter et basin caudalis inserta; pinna dorsali medio circiter ventrales inter et analem sita, corpore paulo humiliore, duplo circiter altiore quam basi longa, acuta, vix emarginata, spina 1ª vix conspicua, spina 2ª gracili spina 3ª multo minus duplo breviore, spina 3ª valida capite paulo breviore; pinnis pectoralibus acutis, capite paulo brevioribus, ventrales fere attingentibus; ventralibus acutiusculis pectoralibus paulo brevioribus, analem non attingentibus; anali dorsali paulo plus duplo et capite paulo longiore, basi 4 fere in longitudine corporis absque pinna caudali, duplo fere longiore quam antice alta, acuta, emarginata; caudali lobis acutis? 5 circ.? in longitudine totius corporis; colore corpore superne viridescente inferne argenteo; iride flavescente; pinnis ex roseo-flavescentibus, fusco plus minusve arenatis.

B. 3. D. 3/7 vel 3/8. P. 1/14. V. 2/8. A. 3/25 vel 3/26. C. 7/17/6 lat. brev. incl.

Hab. Yang-tse-kiang flum. (Dabry).

Longitudo speciminis unici 210‴ absque pinna caudali, 265‴? cum pinna caudali.

Rem. Comparant l'individu décrit à la description que M. Günther a publiée de l'espèce qu'il nomme Culter recurviceps, je trouve, comme différences, que dans cette dernière espèce le nombre des écailles dans la ligne latérale monte à 70, que la hauteur du corps et la longueur de la tête mesurent 4¼ fois dans la longueur du corps sans la caudale, que le diamètre de l'oeil fait les $\frac{2}{7}$ de la longueur de la tête, que la fente de la bouche est presque verticale, que la mâchoire supérieure ne s'étend pas jusque sous le bord antérieur de l'oeil, que l'épine dorsale ne mesure que les $\frac{3}{4}$ de la longueur de la tête et que la pectorale atteint la ventrale. Il est donc impossible de rapporter l'individu, qui fait le sujet de cet article, au Culter recurviceps Günth. M. Günther rapporte à son recurviceps le Culter alburnus dont M. Basilewski a publié une belle figure dans son Ichthyographia Chinae borealis. Je ne puis juger de la justesse de ce rapprochement, mais si l'alburnus Bas. est en effet de la même espèce que le recurviceps, il est bien certain que celui-ci se distingue encore de l'espèce actuelle par une physionomie fort différente, par la hauteur des branches de la mâchoire inférieure et de sa partie symphysiale, etc. L'alburnus Bas. ou le recurviceps Günth. est une espèce plus voisine de l'ilishaeformis et du brevicauda, que de l'hypselonotus.

M. Günther rapporte aussi a son recurviceps le Culter erythropterus Kner (nec Basil.). L'espèce de M. Kner, qui est fort différente de l'erythropterus Bas., doit cependant être plus voisine de l'espèce actuelle et du Culter Dabryi et forme une transition entre les espèces à mâchoire inférieure haute et à limbe inférieur presque vertical, et celles où cette mâchoire ne présente plus cet aspect de Hareng ou de Pellone et où son limbe inférieur est presque horizontal.

Culter oxycephalus Blkr, Tab. V fig. 3.

Cult. corpore oblongo compresso, altitudine $3\frac{1}{3}$ circ. in ejus longitudine absque-, 4 et paulo in ejus longitudine cum pinna caudali; latitudine corporis 3 circiter in ejus altitudine; capite valde acuto $3\frac{5}{6}$ circ. in longitudine corporis absque-, $4\frac{3}{4}$ circ. in longitudine corporis cum pinna caudali; altitudine capitis maxima $1\frac{4}{5}$ ad $1\frac{5}{6}$-, latitudine capitis $2\frac{3}{5}$ circ. in ejus longitudine; altitudine faciei ad nares 3 in longitudine capitis; oculis diametro 5 circ. in longitudine capitis, diametro $2\frac{1}{2}$ circ. in capitis parte postoculari, diametro 1 circ. distantibus; linea interoculari convexa; linea rostro-nuchali concava; rostro oculo vix longiore, apice ante medium oculum sito; naribus ante oculi partem superiorem perforatis, posterioribus anterioribus multo majoribus; osse suborbitali anteriore pentagono apice sursum spectante; ossibus suborbitalibus ceteris gracilibus plus duplo longioribus quam latis; maxilla superiore vix ante oculi marginem anteriorem desinente $3\frac{1}{2}$ circ. in longitudine capitis, oblique antrorsum mediocriter protractili; maxilla inferiore ore clauso ante maxillam superiorem prominente humili, apice vix truncata, oculi diametro quadruplo humiliore, subhamata, limbo inferiore subhorizontali; labiis mediocribus, inferiore membranaceo symphysin versus gracili; rictu mediocriter obliquo et oblique sursum spectante; operculo laevi, latitudine $1\frac{1}{3}$ circ. in ejus altitudine, margine inferiore rectiusculo; dentibus pharyngealibus triseriatis gracilibus uncinatis 2.4.5/4.4.2; vesica natatoria tripartita; dorso elevato valde convexo; cauda parte libera altiore quam longa; squamis parte libera radiatim striatis, 65 circ. in linea laterali, 20 vel 21 in serie transversali pinnam dorsalem inter et ventralem quarum 10 vel 11 spinam dorsalem inter et lineam lateralem, 40 circ. in serie longitudinali occiput inter et pinnam dorsalem; linea laterali curvata pinnis ventralibus magis quam dorsali approximata; spina dorsali medio pupillam inter et basin caudalis inserta; pinna dorsali basi pinnae caudalis multo magis quam rostri apici approximata, medio circiter ventrales inter et analem sita, corpore vix humiliore, plus duplo altiore quam longa, acuta, vix emarginata, spina 1ª rudimentaría, spina 2ª grácili spina 3ª duplo circiter breviore, spina 3ª valida capite non vel vix breviore; pinnis pectoralibus acutis, capite absque rostro vix brevioribus, ventrales non attingentibus; ventralibus acutiusculis pectoralibus paulo brevioribus analem non attingentibus; anali dorsali plus duplo longiore sed capite paulo breviore, basi 4 circ. in longitudine corporis absque pinna caudali, sat multo minus duplo longiore quam antice alta, acuta, emarginata; caudali lobis acutis $4\frac{1}{2}$? circ. in longitudine totius corporis; colore corpore superne viridescente, inferne argenteo; iride flavescente; pinnis aurantiaco-flavescentibus; squamis dorso lateribusque margine nigricante arenatis.

B. 3. D. 3/7 vel 3/8. P. 1/13 ad 1/15. V. stat. abnorm. 2/7. A. 3/25 vel 3/26. C. 6/17/6 lat. brev. incl.

Hab. Yang-tse-kiang flum. (Dabry).

Longitudo speciminis descripti 290‴.

Rem. La physionomie de cette espèce est fort différente de celle des autres espèces connes du genre. Elle se distingue surtout par la hauteur du corps et par la forme pointue de la tête, dont la hauteur, mesurée sur les narines, va 3 fois dans sa longueur. Par la forme de la mâchoire inférieure et par la direction de la fente de la bouche elle est voisine de l'hypselonotus.

Hemiculter leucisculus Blkr, Ichth. Arch. Ind. Prodr. II Cypr. p. 401; Tab. II fig. 1.

Hemicult. corpore elongato compresso, altitudine $4\frac{2}{3}$ ad $4\frac{3}{4}$ in ejus longitudine absque-, 6 circiter in ejus longitudine cum pinna caudali; latitudine corporis 2 circ. in ejus altitudine; capite acuto $4\frac{1}{3}$ ad $4\frac{1}{2}$ in longitudine corporis absque-, $5\frac{2}{5}$ ad $5\frac{3}{5}$ in longitudine corporis cum pinna caudali; altitudine capitis $1\frac{2}{3}$ circ.-, latitudine capitis $2\frac{1}{3}$ circ. in ejus longitudine; oculis subsuperis, diametro 4 fere in longitudine capitis, diametro 2 fere in capitis parte postoculari, diametro 1 circ. distantibus; lineis, rostro-occipitali rectiuscula, interoculari et nucho-dorsali convexis; rostro acuto oculo vix breviore, apice ante oculi partem superiorem sito; naribus ante oculi partem superiorem perforatis, posterioribus anterioribus majoribus valvula semiclaudendis; osse suborbitali anteriore pentagono apice sursum spectante; osse suborbitali 2° longiore quam lato; osse suborbitali 3° quam 2° multo latiore margine inferiore convexo; maxilla superiore maxilla inferiore ore clauso paulo breviore, oblique antrorsum mediocriter protractili, paulo ante oculum desinente, $3\frac{1}{2}$ circ. in longitudine capitis; maxilla inferiore symphysi subhamata; rictu valde obliquo; labiis gracilibus; sulco infralabiali symphysin subattingente; operculo laevi non multo altiore quam lato margine inferiore rectiusculo; apertura branchiali non usque sub oculo producta, sub praeoperculo desinente; dentibus pharyngealibus triseriatis uncinato-compressoris 2.4.5/5.4.2; osse scapulari triangulari acutiuscule rotundato; dorso humili vix angulato, carnoso, non carinato; ventre inferne ante pinnas ventrales plano, post ventrales valde obtuse carinato; cauda parte libera duplo longiore quam postice alta; squamis vix striatis, 40 ad 42 in linea laterali, 10 vel 11 in serie transversali pinnam dorsalem inter et ventralem quarum 7 vel 8 lineam lateralem inter et pinnam dorsalem, 20 circ. in serie longitudinali occiput inter et pinnam dorsalem; linea laterali antice valde deflexa ventrali quadruplo magis quam dorsali approximata, cauda sursum flexa et media basi pinnae caudalis desinente, singulis squamis tubulo simplice notata; pinnae dorsali basi caudalis multo magis quam apici rostri approximata paulo post basin ventralis incipiente et sat longe ante analem desinente, corpore non vel vix humiliore, minus duplo altiore quam basi longa, acuta, non emarginata, spina 1ª gracili spina 2ª duplo circ. breviore, spina 2ª valida capite sat multo breviore ; pinnis pectoralibus acutis capite non vel vix brevioribus ventrales subattingentibus ; ventralibus acutis pectoralibus brevioribus analem non attingentibus ; anali mox post anum incipiente, dorsali paulo longiore, aeque alta circiter ac basi longa, acuta, emarginata ; caudali lobis acutis subaequalibus $4\frac{3}{4}$ ad 5 in longitudine corporis ; colore corpore superne coerulescente-viridi, inferne argenteo ; iride flavescente ; pinnis roseis vel flavescentibus.

B. 2. D. 2/7 vel 2/8. P. 1/13 vel 1/14. V. 2/8. A. 3/11 vel 3/12 vel 3/13. C. 6/17/6 lat. brev. incl.

Syn. *Leuciscus acutus* Brouss. Rich. Rep. Ichth. Chin. Jap. in Rep. 15ᵇ Meet. Brit. Assoc. p. 297. ?

Culter leucisculus Basil., Ichth. Chin. boreal. Nouv. Mém. Soc. Nat. Mosc. X p. 238.

Culter leucisculus Kner, Zool. Reise Novara, Fisch. p. 362 ?

Chanodichthys leucisculus Günth., Catal. Fish. VII p. 327.

Hab. Yang-tse-kiang flum.?

Longitudo 2 speciminum 136‴ et 143‴.

Rem. Je crois avoir sous les yeux, dans les deux individus décrits, l'espèce indiquée par M. Basilewski sous le nom de Culter leucisculus. Tout ce que cet auteur dit de son espèce va parfaitement aux individus du Muséum. Il est possible aussi que l'individu, décrit par M. Kner sous le nom de Culter leucisculus, ne diffère point de l'espèce actuelle, mais M. Kner donne un peu autrement les proportions de la hauteur du corps et de la longueur de la tête, tandis qu'il parle de 50 écailles dans la ligne latérale et de 8 ou $8\frac{1}{2}$ écailles au-dessus de cette ligne. Si ces différences existent en effet on aura à penser à une espèce distincte et il serait difficile alors de déterminer laquelle des deux espèces celle de M. Kner ou l'actuelle a été observée par M. Basilewski, puisqu'on ne saurait rien décider d'après sa description.

S'il venait d'être prouvé qu'en effet l'espèce actuelle est distincte de celle de M. Kner, on lui devrait imposer un nom nouveau, puisqu'il serait juste de conserver celui de leucisculus à celle que M. Kner aurait positivement indiquée sous ce nom.

Lorsque je proposai, il y a dix ans, le genre Hemiculter, je ne connaissais pas ce type d'après nature, mais j'énoncai mon opinion que l'examen sur nature y ferait reconnaître en effet un type générique bien distinct.

Depuis, plusieurs espèces de Cyprinoïdes de Chine voisines des Leuciscini, mais à forte épine dorsale et à dents pharyngiennes trisériales, ont été mieux examinées, et il est deveuu possible de mieux indiquer leur placc dans le système.

J'ai eu tout lieu, non seulement de maintenir les genres que j'avais déjá proposés, mais aussi d'en établir encore d'autres.

Pour ce qui concerne le Hemiculter, j'y vois bien positivement un genre distinct qu'on ne saurait réunir nullement, ni au genre Chanodichthys, ni au genre Culter, comme l'ont fait MM. Günther et Kner.

Le Hemiculter se distingue de tous les deux par la ligne latérale fortement et subitement courbée, et par la courte anale qui n'est soutenue que par 11 à 13 rayons divisés. Puis il diffère encore du Chanodichthys par les grandes écailles, par la fente branchiale qui ne s'étend que jusque sous le préopercule, et par la formule des dents pharyngiennes ;- et du Culter par le ventre qui est obtus même en arrière des ventrales, par le nombre beaucoup moins considérable des écailles, etc.

Parabramis bramula Blkr, Tab. VII fig. 2.

Parabr. corpore oblongo valde compresso, altitudine $2\frac{2}{5}$ circ. in ejus longitudine absque-, 3 circ. in ejus longitudine cum pinna caudali; latitudine corporis plus quam 4 in ejus altitudine; capite acutiusculo 5 fere in longitudine corporis absque-, $6\frac{1}{4}$ circ. in longitudine corporis cum pinna caudali; altitudine capitis $1\frac{1}{4}$ ad $1\frac{1}{5}$-, latitudine eapitis 2 circ. in ejus longitudine; oculis posteris, diametro 3 ad 3 et paulo in longitudinc capitis, diametro $1\frac{1}{3}$ circ. in capitis parte postoculari, plus diametro 1 distantibus; lineis rostro-occipitali rectiuscula, nuchali et interoculari convexis; rostro convexiusculo oculo breviore, apice antc medium oculum sito; naribus ante oculi partem superiorem perforatis posterioribus valvula claudendis anterioribus majoribus; osse suborbitali anteriore subpentagono apice acuto sursum spectante margine inferiore valde convexo; ossibus suborbitalibus ceteris valde gracilibus, multo longioribus quam latis; maxilla superiore maxilla inferiore vix longiore, ante oculum desinente, 4 circiter in longitudine capitis, oblique antrorsum mediocriter protractili; maxilla inferiore concava symphysi nec hamata nec tuberculata; labiis gracilibus; sulco infralabiali sat longe post symphysin incipiente; operculo radiatim rugoso, minus duplo altiore quam lato margine inferiore rectiusculo; apertura branchiali usque sub oculi margine posteriore fere producta; dentibus pharyngealibus compressoriis 2.5.3/3.5.2; osse scapulari triangulari obtuse rotundato; dorso valde elevato et angulato; ventre ante ventrales plano, post ventrales carinato; squamis parte libera subradiatim-, parte basali non striatis, 45 ad 50 in linea laterali, 19 vel 20 in serie transversali pinnàm dorsalem inter et ventralem quarum 11 vel 12 dorsalem inter et lineam lateralem; linea laterali sat curvata ventralibus multo magis quam dorsali approximata, singulis squamis tubulo simplice notata; pinna dorsali medio oculi marginem supero-posteriorem inter et basin pinnae caudalis sat longe post ventrales sita, radio postico radio anali 1° subopposita, corpore multo humiliore, duplo circiter altiore quam basi longa, acuta, vix emarginata, spina 1ª gracili spina 2ª paulo tantum breviore, spina 2ª valida capite longiore; pinnis pectoralibus acutis capite vix brevioribus ventrales fere attingentibus; ventralibus pectoralibus brevioribus acutis analem subattingentibus; anali dorsali plus duplo et capitis parte postoculari plus triplo longiore, acuta, emarginata; caudali lobis acutis $4\frac{1}{3}$? in longitudine totius corporis; colore corpore superne viridescente, inferne argenteo; iride flavescente; pinnis flavescentibus.

B. 3. D. 2/7 vel 2/8. P. 1/15. V. 2/8. A. 2/27 vel 2/28. C. 6/17/6 lat. brev. incl.

Syn. *Leuciscus bramula* CV., Poiss. XVII p. 266.
Leuciscus rhomboidalis CV., Poiss. XVII p. 59?
Abramis bramula Rich., Ichthyol. Chin. Jap. in Rep. 15ʰ Meet. Brit. Assoc. p. 294.
Abramis terminalis Rich., Ibid. p. 294?
Abramis rhomboidalis Rich., Ibid. p. 294.
Abramis mantschuricus Bas., Ichthyogr. Chin. bor. Nouv. Mém. Soc. Nat. Moscou X p. 239?
Rohtee bramula Blkr, Ichth. Arch. Ind. Prod. II Cypr. p. 281.
Chanodichthys bramula Günth., Catal. Fish. VII p. 327.

Hab. Yang-tse-kiang flum. (Dabry).

Longitudo speciminis descripti 230'''.

Rem. Les descriptions de Valenciennes et de Richardson ont été prises sur des dessins.

L'Abramis mantschuricus Bas. pourrait bien être de la même espèce, mais la description de M. Basilewski ne permet point de décision. La description de M. Günther est la première qui a été faite d'après nature, mais elle ne rend que les principaux caractères. Du reste elle donne la longueur de l'épine dorsale et la hauteur du corps un peu moindres que je ne les trouve dans l'individu envoyé par M. Dabry.

Parabramis pekinensis Blkr, Notice sur quelques genres et espèces de Cyprinoïdes de Chine, Ned. Tijdschr. Dierk. II p. 22.

Syn. *Abramis pekinensis* Basil., Ichth. Chin. bor. Nouv. Mém. Soc. Nat. Moscou X 1855 p. 239 Tab. 6 fig. 2.

Acanthobrama pekinensis Blkr, Ichth. Archip. Ind. Prodr. II Cypr. p. 282, 399.

Culter pekinensis Kner, Zool. Reis. Novar., Fisch. p. 360 Tab. 14 fig. 3.

Chanodichthys pekinensis Günth., Catal. Fish. VII p. 327.

Rem. La description que j'ai publiée de cette espèce fut prise sur un individu d'une longueur de 290'''. J'y trouvai pour les dents pharyngiennes la formule = 2.5.3/3.5.2. Dans l'individu de 270''' cette formule est = 1.5.3/3.5.2.

M. Günther a cru devoir réunir les genres Chanodichthys Blkr et Parabramis Blkr. Cependant les genres sont bien distincts. Outre les caractères que j'ai déjà indiqués dans mes Notices sur quelques genres et espèces de Cyprinoïdes de Chine, je puis maintenant en noter d'autres encore, qui ne sont pas moins importantes. Voici la diagnose des deux genres, telle qu'elle résulte de l'examen que j'ai pu faire sur nature.

Parabramis. Corpus *oblongum* valde compressum squamis *magnis* vestitum. Rostrum convexum. Rictus *parvus*. Maxilla inferior *non prominens*, symphysi nec hamata nec tuberculata. Os suborbitale anterius subpentagonum apice sursum spectans. Oculi *subposteri*. Apertura branchialis *non usque sub oculo* producta. Linea lateralis leviter curvata. Venter *valde compressus post ventrales acute carinatus*. Pinna dorsalis brevis *anali magis quam ventralibus* approximata, basi alepidota spinis 2 osseis edentulis armata spina posteriore magna valida edentula. Pinna analis valde elongata multiradiata.

Dentes pharyngeales compressorii 2.5.3/3.5.2 vel 1.5.3/4.5.2. Vesica motateria *tripartita.*

CHANODICHTHYS. Corpus *elongatum* compressum, squamis *mediocribus* vel *parvis* vestitum. Rostrum *acutum*. Rictus *magnus* valde obliquus. Maxilla inferior *prominens*, symphysi nec hamata nec tuberculata. Os suborbitale anterius pentagonum apice sursum spectans. Oculi *superi*. Apertura branchialis *usque sub medio oculo* producta. Linea lateralis curvata. Venter *planus valde carnosus nullibi carinatus*. Pinna dorsalis brevis *ventralibus magis quam anali* approximata, basi alepidota, spinis 2 osseis edentulis armata, spina posteriore magna valida. Pinna analis elongata multiradiata. Dentes pharyngeales compressorii 2.3.5/5.3.2 vel 1.3.5/5.3.1. Vesica natatoria *bipartita.*

On pourrait ajouter à ces diagnoses que la physionomie des espèces des deux genres est fort différente, de sorte que le premier coup d'oeil doit faire sentir qu'on ait affaire à des types bien distincts.

Barilius (*Barilius*) *acutipinnis* Guich., Tab. XIII fig. 1.

Baril. corpore elongato compresso, altitudine $4\frac{3}{4}$ circ. in ejus longitudine absque-, 6 fere in ejus longitudine cum pinna caudali; latitudine corporis $1\frac{3}{4}$ circ. in ejus altitudine; capite acuto 4 circ. in longitudine corporis absque-. 5 circ. in longitudine corporis cum pinna caudali; altitudine capitis $1\frac{3}{5}$ fere-, latitudine capitis 2 et paulo in ejus longitudine; oculis diametro 4 circ. in longitudine capitis, diametro 2 circ. in capitis parte postoculari, paulo plus diametro 1 distantibus; linea rostro-frontali declivi rectiuscula; linea interoculari convexiuscula; naribus ante pupillae partem superiorem perforatis posterioribus anterioribus majoribus valvula claudendis; rostro acuto, apice ante pupillae partem inferiorem sito, oculo non vel vix breviore, non ante os prominente; osse suborbitali anteriore pentagono, apice sursum spectante; ossibus suborbitalibus 2° et 3° gracilibus plus triplo longioribus quam latis; maxillis aequalibus, superiore verticaliter deorsum parum protractili sub oculi margine anteriore desinente 3 circ. in longitudine capitis; maxilla inferiore subcochleariformi symphysi vix tumida; rictu mediocri obliquo; cirris conspicuis nullis; labiis mediocribus; sulco infralabiali symphysin non attingente; operculo laevi, latitudine $1\frac{1}{2}$ circ. in ejus altitudine, margine inferiore convexiusculo; apertura branchiali usque sub oculo producta; dentibus pharyngealibus triseriatis 2.4.5/4.4.2 conicis acutis uncinatis; osse scapulari obtuse rotundato; cauda parte libera multo longiore quam alta; squamis parte libera subradiatim striatis, 40 circ. in linea laterali, 10 in serie transversali pinnam dorsalem inter et ventralem quarum 4 dorsalem inter et lineam lateralem, 16 circ. in serie longitudinali occiput inter et pinnam dorsalem; linea laterali valde curvata, ventrali plus duplo magis quam dorsali approximata, singulis squamis tubulo simplice notata; pinna dorsali basi caudalis paulo magis quam apici rostri approximata, corpore paulo altiore, duplo fere altiore quam basi longa, obtusiuscula, convexa; pectoralibus acutis capite non brevioribus ventrales attingentibus; ventralibus sub radiis dorsalis anterioribus insertis obtusis rotundatis pectoralibus multo brevioribus, analem attingentibus; anali mox post anum incipiente, basi vaginula squamosa inclusa, dorsali multo longiore et altiore, acuta, plus duplo altiore quam basi longa, radiis fissis anterioribus elongatis et incrassatis; caudali lobis acutis 6 circ. in longitudine totius corporis; colore corpore superne olivascente, inferne argenteo; iride flava; pinnis flavescentibus vel roseis, dorsali media altitudine inter singulos radios macula oblonga nigra; caudali medio postice nigricante; anali medio membrana fusceseente-nigro arenata.

B. 3. D. 3/7 vel 3/8. P. 1/14 vel 1/15. A. 3/9. C. 1/17/1 et lat. brev.
Synon. *Opsariichthys acutipinnis* Guich., Mus. Paris.
Hab. Yang-tse-kiang flum. (Dabry).
Longitudo speciminis descripti 115‴.

Rem. M. Guichenot a reconnu le premier cette espèce et l'a nommée Opsariichthys acutipinnis. C'est en effet un Opsariichthys d'après la définition de ce genre par M. Günther, mais en établissant l'Opsariichthys (Versl. Kon. Akad. v. Wet. XV p. 265), je l'ai compris dans un sens différent de celui de l'auteur du Catalogue of Fishes. Je n'y comprends que le Leuciscus uncirostris Schl. du Japon.

Pour moi l'espèce actuelle est un Barilius, comme le sont aussi les autres Opsariichthys de M. Günther. L'acutipinnis est voisin, par le nombre des écailles, par les rayons allongés et épaissis de l'anale, et par les taches noires de la dorsale, du Barilius platypus (Opsariichthys platypus Günth.) du Japon, mais dans celui-ci il y a une rangée longitudinale d'écailles de moins au-dessus de la ligne latérale et 42 à 44 écailles dans la ligne latérale, tandis que le corps y est plus haut, le museau plus obtus, l'origine de la dorsale plus près du bout du museau que de la base de la caudale, etc.

Hypophthalmichthys molitrix Blkr, Ichth. Arch. Ind. Prodr. II Cypr. p. 283 ; Günth., Cat. Fish. VII p. 298. Tab. XII fig. 4.

Hypophth. corpore oblongo compresso altitudine 3 ad $3\frac{1}{2}$ circ. in ejus longitudine absque-, 4 circ. in ejus longitudine cum pinna caudali ; latitudine corporis $2\frac{1}{3}$ ad $2\frac{1}{4}$ in ejus altitudine ; capite acuto $3\frac{3}{7}$ ad $3\frac{1}{2}$ in longitudine corporis absque-, $4\frac{1}{5}$ ad $4\frac{3}{5}$ in longitudine corporis cum pinna caudali ; altitudine capitis $1\frac{1}{5}$ ad $1\frac{1}{4}$ circ.-, latitudine capitis $2\frac{1}{3}$ ad $2\frac{1}{4}$ in ejus longitudine ; linea rostro-dorsali fronte concaviuscula, nucha convexa ; linea interoculari valde convexa ; osse supraorbitali oculum superne magna parte tegente ; oculis diametro 1 a linea rostro-frontali remotis, posteris, diametro 5 circ. in longitudine capitis, diametro 3 circ. in capitis parte postoculari, diametro $1\frac{3}{4}$ ad 2 distantibus ; rostro acuto depresso oculo vix longiore, apice supra oculi marginem superiorem sito ; naribus lineae rostro-frontali approximatis longe ab oculo remotis, posterioribus anterioribus majoribus ; osse suborbitali anteriore irregulariter pentagono apice sursum et antrorsum spectante ; ossibus suborbitalibus 2° et 3° gracilibus plus triplo longioribus quam latis ; maxillis acie tenuibus ; maxilla superiore inferiore paulo breviore, gracili oblique antrorsum parum protractili, ante oculum desinente, 4 circ. in longitudine capitis ; maxilla inferiore cochleariformi, symphysi tuberculo subhamata, ramis latis parum distantibus margine interno parallelis ; labiis tenuibus ; sulco infralabiali brevi ; operculo radiatim rugoso, duplo circ. altiore quam lato, margine inferiore convexo ; ossibus pharyngealibus gracilibus parte basali fenestratis ; dentibus pharyngealibus uniseriatis 4/4 compressis apice quam basi latioribus obtusis, facie posteriore convexis laevibus, facie anteriore (masticatoria) oblonga, carina obtusa longitudinali inaequaliter bipartita, striis numerosissimis transversis obliquis rugulosa ; processubus arcuum branchialium anterioribus numerosissimis elongatis ramis branchialibus multo longioribus ex parte reticulatim unitis ; apertura branchiali usque sub oculo producta ; osse scapulari obtuse rotundato ; ventre ante et post pinnas ventrales valde compresso acute carinato ; cauda parte libera aeque alta circ. ac longa ; squamis 115 circ. in linea laterali, 44 circ. in serie transversali pinnam dorsalem inter et ventralem quarum 30 circ. dorsalem inter et lineam lateralem, 75 circ. in serie longitudinali occiput inter et pinnam dorsalem; linea laterali antice praesertim valde curvata pinnae ventrali multo magis quam dorsali approximata singulis squamis tubulo simplice notata; pinna dorsali medio circ. ventrales inter et analem sita, radio 1° medio circ. oculum inter et basin pinnae caudalis inserta, corpore multo humiliore, duplo fere altiore quam basi longa, acuta, non emarginata; pinnis pectoralibus acutis, capitis parte postoculari longioribus, ventrales attingentibus, radio 1° sat lato; ventralibus lateribus ventris insertis, pectoralibus brevioribus, acutis, analem non attingentibus; anali mox post anum incipiente dorsali multo longiore sed humiliore, paulo longiore quam antice alta, acuta, emarginata; caudali lobis acutis $4\frac{2}{3}$ ad $4\frac{1}{2}$ in longitudine totius corporis; colore corpore superne viridi, inferne argenteo; iride flava; pinnis flavescentibus vel roseo-flavescentibus.

B. 3. D. 2/8 vel 2/9. P. 1/18 vel 1/19. V. 2/6. A. 3/15 vel 3/14. C. 1/17/1 et lat. brev.

Syn. *Leuciscus molitrix* Val., Hist. nat. Poiss. XVII p. 268; Rich., Ichth. Chin. Rep. 15[h] meet Brit. Assoc. p. 295.

Leuciscus hypophthalmus Gr., Rich., Ichth. Voy. Sulph. p. 139 tab. 63 fig. 1.

Cephalus mantschuricus Basil., Ichth. Chin. bor. N. Mém. Soc. Nat. Mosc. X p. 235 tab. 7 fig. 3.

Hypophthalmichthys mantschuricus Blkr, Ichth. Arch. Ind. Prodr. II Cypr. p. 283.

Hypophthalmichthys Dabryi Guich., Mus. Paris.

Hab. Yang-tse-kiang flum. (Dabry).

Longitudo 2 specim. 160''' et 212''' absque-, 250''' et 265''' cum pinna caudali.

Rem. L'Espèce actuelle et la suivante bien que fort voisines l'une de l'autre, se font distinguer aisément par la ligne latérale, par les branchies et par la dentition. Le molitrix a la tête et la bouche plus petites, la ligne latérale tracée beaucoup plus près des ventrales, les rangées d'écailles au-dessus de la ligne latérale plus nombreuses, les appendices des arcs branchiaux beaucoup plus longs et en partie unis en forme de réseau, et les dents pharyngiennes à surface masticatoire divisée longitudinalement par une carène et rugueuse par de très nombreuses stries transversales.

M. Basilewski dit de cette espèce, qu'elle atteint une longueur de 4 pieds.

J'ai déjà dit (p. 5) que l'Abramocephalus microlepis Steind. est manifestement une espèce du genre Hypophthalmichthys voisine de l'Hypophthalmichthys molitrix. Le genre Abramocephalus est du reste parfaitement identique avec le genre actuel et ce n'est que la diagnose que M. Steindachner en a publiée qui doit être un peu modifiée, les détails qu'il donne de la carène ventrale et des stries de la surface masticatoire des dents pharyngiennss n'indiquant que des caractères spécifiques.

A en juger d'après la description de M. Steindachner, le microlepis se distingue du molitrix par la hauteur du corps qui mesure 4[1] fois dans la longueur totale, par le museau qui est plus long, par la dorsale et l'anale qui sont moins hautes, et par les écailles au dessous de la ligne latérale qui sont plus nombreuses (20 sur une rangée transversale entre la ligne latérale et la base de la ventrale).

Hypophthalmichthys nobilis Blkr, Ichth. Arch. Ind. Prodr. II Cypr. p. 283; Günth., Cat. Fish. VII p. 299. Tab. XIV fig. 2.

Hypophthalm. corpore oblongo compresso, altitudine $3\frac{1}{5}$ ad 3 in ejus longitudine absque-, $4\frac{1}{4}$ ad $3\frac{3}{4}$ in ejus longitudine cum pinna caudali; latitudine corporis $2\frac{1}{4}$ ad $2\frac{1}{5}$ in ejus altitudine; capite acuto $3\frac{1}{5}$ ad 3 in longitudine corporis absque-, $4\frac{1}{4}$ ad $4\frac{3}{4}$ in longitudine corporis cum pinna caudali; altitudine capitis $1\frac{2}{5}$ circ·-, latitudine capitis $2\frac{1}{4}$ ad $2\frac{1}{5}$ in ejus longitudine; linea rostro-dorsali capite declivi rectiuscula, nucha convexiuscula; linea interoculari maxime convexa; osse supraorbitali oculum superne magna parte tegente; oculis diametro 5 ad 6 in longitudine capitis, diametro $2\frac{1}{2}$ ad 3 in capitis parte postoculari, diametris 2 ad $2\frac{1}{2}$ distantibus; rostro acuto depresso oculo conspicue longiore, apice supra lineam oculi marginis superioris sito; naribus lineae rostro-frontali approximatis longe ab oculo remotis, posterioribus anterioribus majoribus; osse suborbitali anteriore irregulariter pentagono apice sursum et antrorsum spectante; ossibus suborbitalibus 2° et 3° gracilibus plus triplo longioribus quam latis; maxillis acie tenuibus; maxilla superiore inferiore breviore gracili oblique antrorsum parum protractili, ante oculum desinente, $3\frac{1}{2}$ circ. in longitudine capitis; maxilla inferiore cochleariformi symphysi tuberculo subhamata, ramis latis parum distantibus margine interno parallelis; labiis tenuibus; sulco infralabiali brevi; operculo radiatim ruguso duplo circ. altiore quam lato margine inferiore rectiusculo vel convexiusculo; ossibus pharyngealibus gracilibus parte basali fenestratis; dentibus pharyngealibus uniseriatis 4/4 compressis apice quam basi latioribus obtusis, facie posteriore convexis laevibus, facie anteriore (masticatoria) oblonga convexiuscula carina nulla bipartita ubique laevi striis nullis; processubus arcuum branchialium anterioribus numerosissimis ramis branchialibus non longioribus nullibi reticulatim unitis; apertura branchiali usque sub oculo producta; osse scapulari obtuse rotundato; ventre ante et post pinnas ventrales compresso acute carinato; cauda parte libera paulo ad non longiore quam alta; squamis 115 circ. in linea laterali, 44 circ. in serie transversali pinnam dorsalem inter et ventralem quarum 25 circ. dorsalem inter et lineam lateralem, 70 circ. in serie longitudinali occiput inter et pinnam dorsalem; linea laterali antice praesertim valde curvata pinnae ventrali vix magis quam dorsali approximata, singulis squamis tubulo simplice notata; pinna dorsali medio circiter ventrales inter et analem sita vel anali paulo magis quam ventralibus approximata, radio 1° medio circ. oculum inter et basin pinnae caudalis inserta, corpore multo humiliore, duplo fere altiore quam basi longa, acuta, non emarginata; pinnis pectoralibus acutis capitis parte postoculari longioribus, ventrales attingentibus, radio 1° sat lato; ventralibus lateribus ventris insertis pectoralibus brevioribus, acutis, analem non attingentibus; anali mox post anum incipiente, dorsali multo longiore sed humiliore, paulo longiore quam antice alta, acuta, emarginata; caudali lobis acutis 5? in longitudine totius corporis; colore corpore superne viridi, inferne argenteo; iride flava; operculo superne postice fuscescente; pinnis roseis vel flavescentibus, fusco plus minusve arenatis. B. 3. D. 2/8 vel 2/9. P. 1/19 vel 1/20. V. 2/8. A. 3/13 vel 3/14. C. 1/17/1 et lat. brev.

Syn. *Leuciscus nobilis* Gr., Rich., Ichth Voy. Sulph. p. 100 tab. 63 fig. 3; Ichth. Chin. Rep. 15[h] meet Brit. Assoc. p. 295.

Cephalus hypophthalmus Steind., Cephal. hypophth. Verh. zool. bot. Ges. Wien 1866, p. 383 tab. 4.

Hypophthalmichthys mandschuricus Kner, Zool. Novar. Fisch. p. 350.

Hypophthalmichthys Simoni Guich., Mus. Paris.

Hab. Yang-tse-kiang flum. (Dabry).

Longitudo 2 speciminum absque pinna caudali 175‴ et 230‴.

Rem. Le nobilis se distingue du molitrix par la tête et par la bouche qui sont plus grandes, par la ligne latérale qui n'est presque pas plus éloignée de la dorsale que de la ventrale, par les rangées longitudinales d'écailles entre la dorsale et la ligne latérale qui ne sont qu'au nombre de 25, par les appendices des arcs branchiaux qui sont libres et pas plus longs que les rayons des branchies, par les dents pharyngiennes qui ne présentent à la couronne ni carène longitudinale ni stries transversales, etc.

Dans le nobilis, aussi bien que dans le molitrix, le ventre est comprimé en carène depuis la pectorale jusqu'à l'anale, et cette carène se continue au-dessous des ventrales de manière que les nageoires s'attachent bien au dessus du profil du ventre. Le genre approche par ce caractère des Chelae et des Macrochirichthys.

La Haye, Novembre 1869.

INDEX

SPECIERUM DESCRIPTARUM.

INDEX TABULARUM.

Tab. I	Fig.	1. Saurogobio Dumerili Blkr.
	"	2. Luciobrama typus Blkr.
" II	"	1. Hemiculter leucisculus Blkr.
	"	2. Acanthorhodeus macropterus Blkr.
	"	3. Chanodichthys mongolicus Blkr.
" III	"	1. Rhinogobio typus Blkr.
	"	2. Puntius (Barbodes) sinensis Blkr.
" IV	"	1. Parachilognathus imberbis Blkr.
	"	2. Sarcochilichthys sinensis Blkr.
	"	3. Hemibarbus maculatus Blkr.
" V	"	1. Saurogobio Dabryi Blkr.
	"	2. Xenocypris macrolepis Blkr.
	"	3. Culter oxycephalus Blkr.
" VI	"	1. Hemibarbus dissimilis Blkr.
	"	2. Rhodeus sinensis Günth.
	"	3. " ocellaris Günth.
	"	4. Xenocypris Davidi Blkr.
" VII	"	1. Pseudobrama Dumerili Blkr.
	"	2. Parabramis bramula Blkr.
" VIII	"	1. Pseudogobio rivularis Blkr.
	"	2. Gymnostomus macrolepis Blkr.
	"	3. Culter hypselonotus Blkr.
" IX	—	— Xenocypris microlepis Blkr.
" X	Fig.	1. Culter ilishaeformis Blkr.
	"	2. Leuciscus idellus Val.
" XI	"	1. Xenocypris tapeinosoma Blkr.
	"	2. Acanthorhodeus hypselonotus Blkr.
	"	3. Culter brevicauda Günth.

Tab. XII Fig. 1. Hypophthalmichthys molitrix Blkr.
〃 2. Culter Dabryi Blkr.
〃 XIII 〃 1. Barilius acutipinnis Guich.
〃 2. Acanthorhodeus Guichenoti Blkr.
〃 3. Squaliobarbus curriculus Günth.
〃 XIV 〃 1. Leuciscus aethiops Basil.
〃 2. Hypophthalmichthys nobilis Blkr.

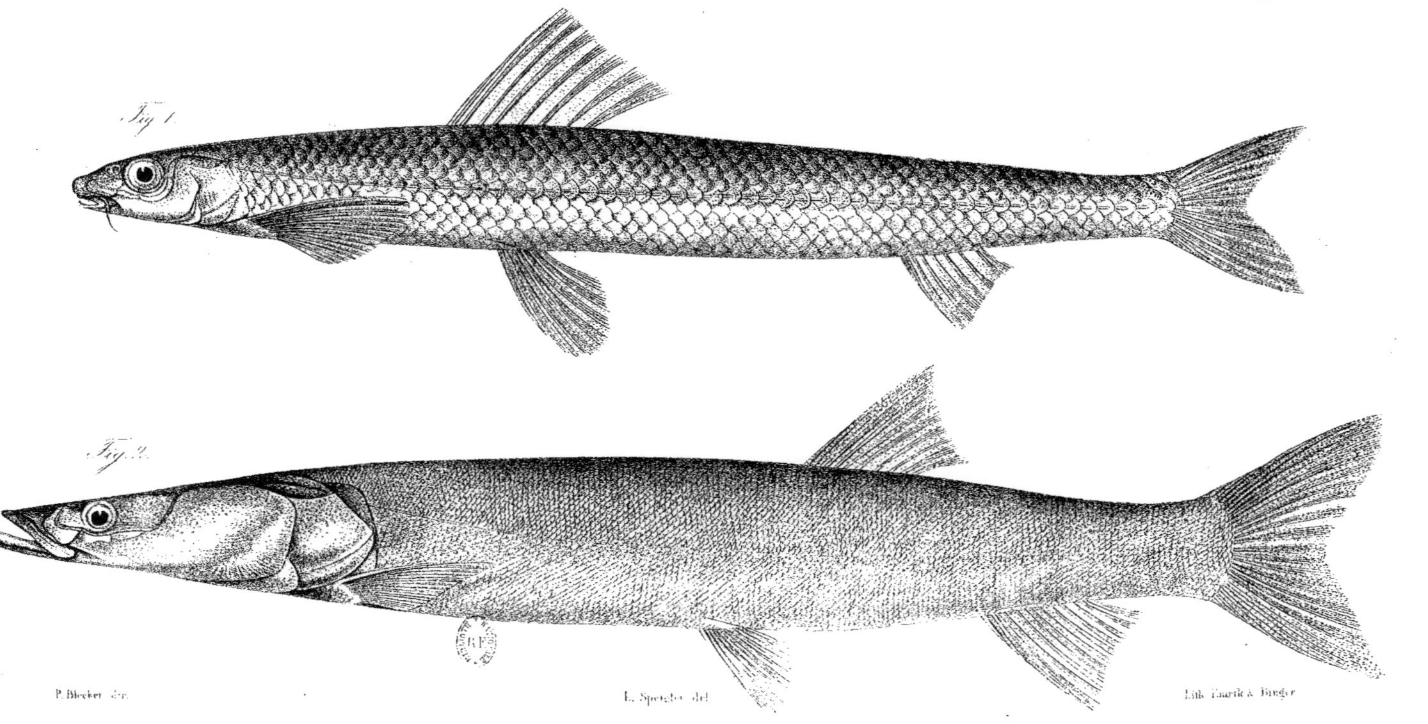

P. Bleeker dir. L. Speigler del. Lith. Emrik & Binger

Fig. 1 Saurogobio Dumerili Blkr. Fig. 2 Luciobrama typus Blkr.

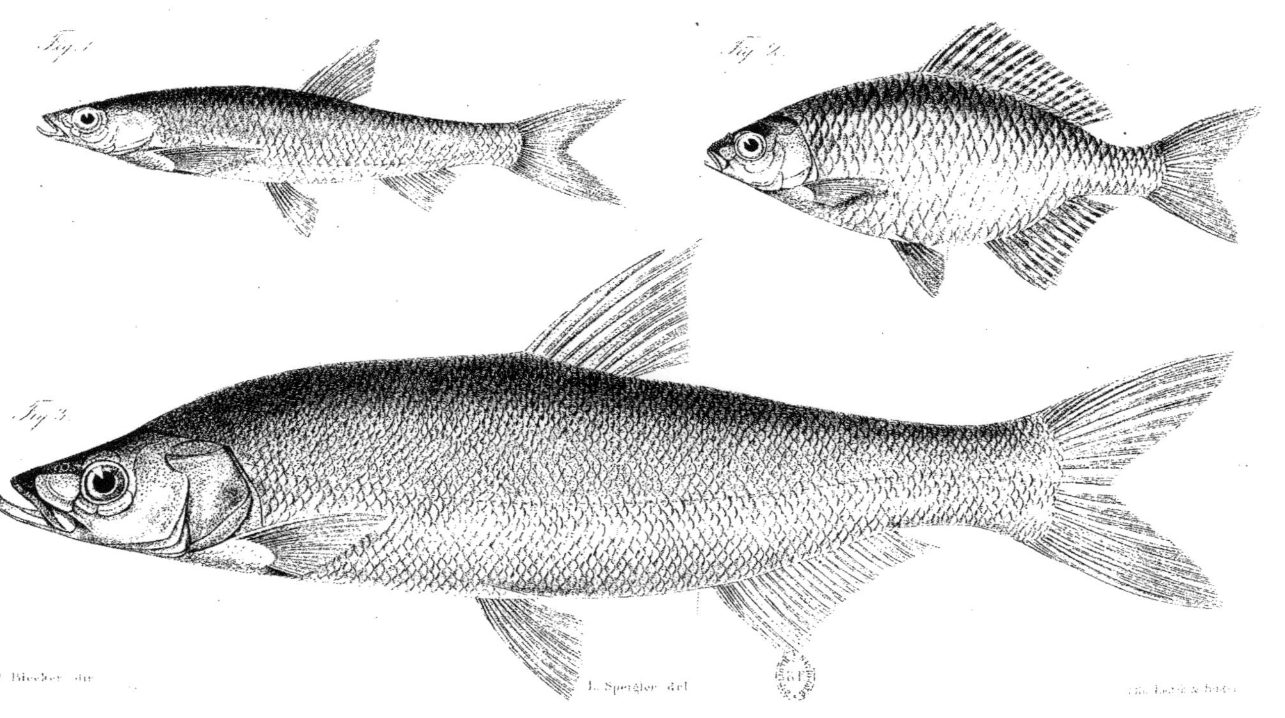

P. Bleeker dir. L. Speigler del. Lith. Lith. & Impr.

Fig. 1 Hemiculter leucisculus Blkr. Fig. 2 Acanthorhodeus macropterus Blkr. Fig. 3 Chanodichthys mongolicus Blkr.

VERH. D KON. AKAD. V. WETENSCH. AFL. NATUURK. DEEL XII

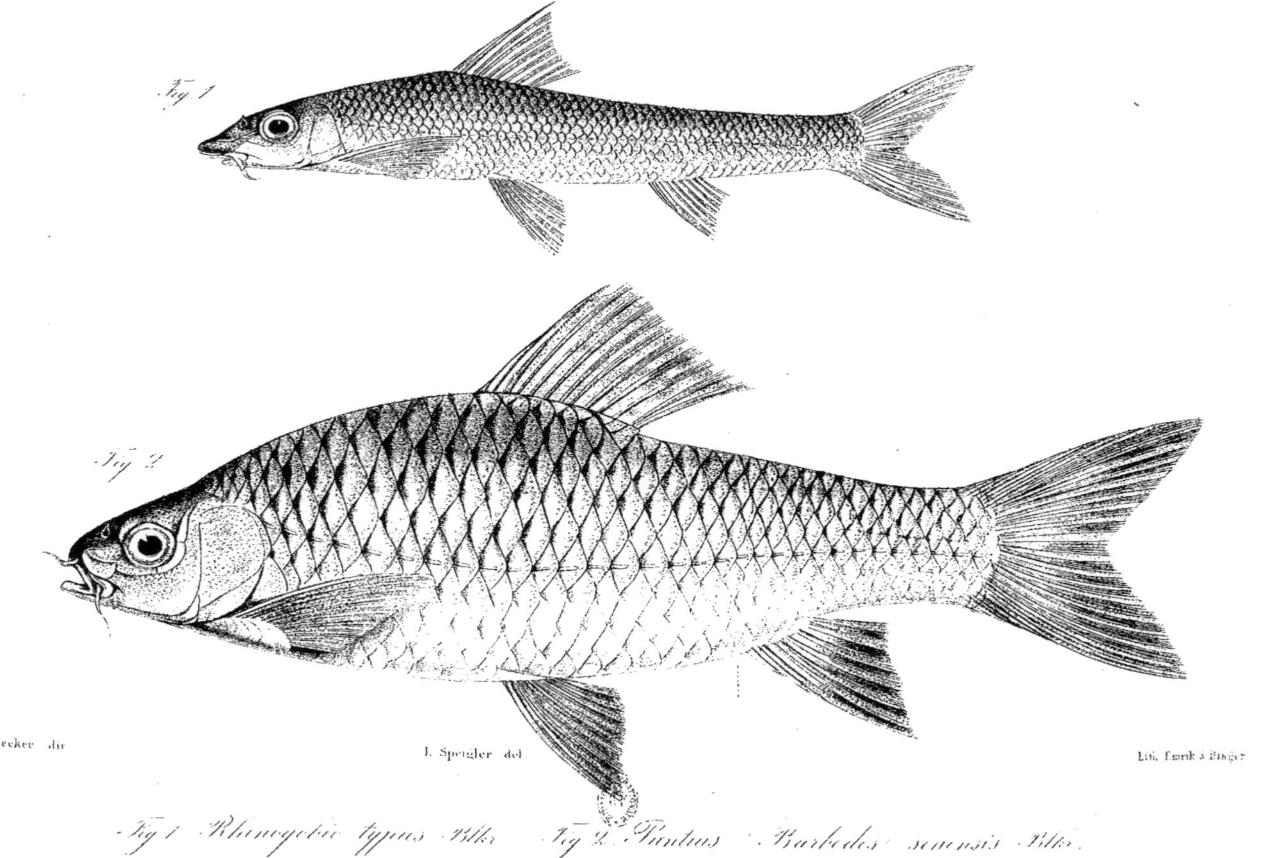

P. Bleeker dir. J. Spengler del. Lith. Emrik & Binger

Fig. 1 Rhinogobio typus Blkr. Fig. 2. Puntius (Barbodes) sinensis Blkr.

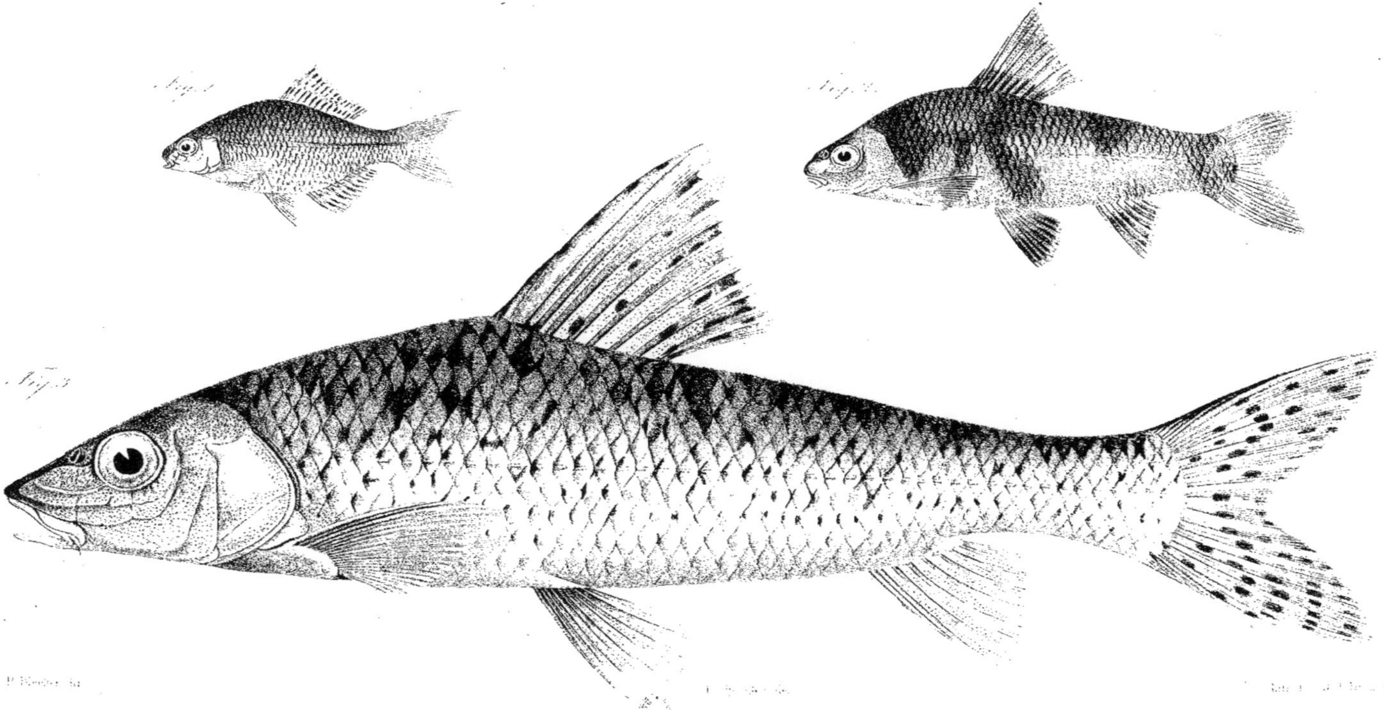

Fig. 1

Fig. 2

Fig. 3

Fig. 1 Parachilognathus imberbis Blkr. Fig. 2 Sarcocheilichthys sinensis Blkr. Fig. 3 Hemibarbus maculatus Blkr.

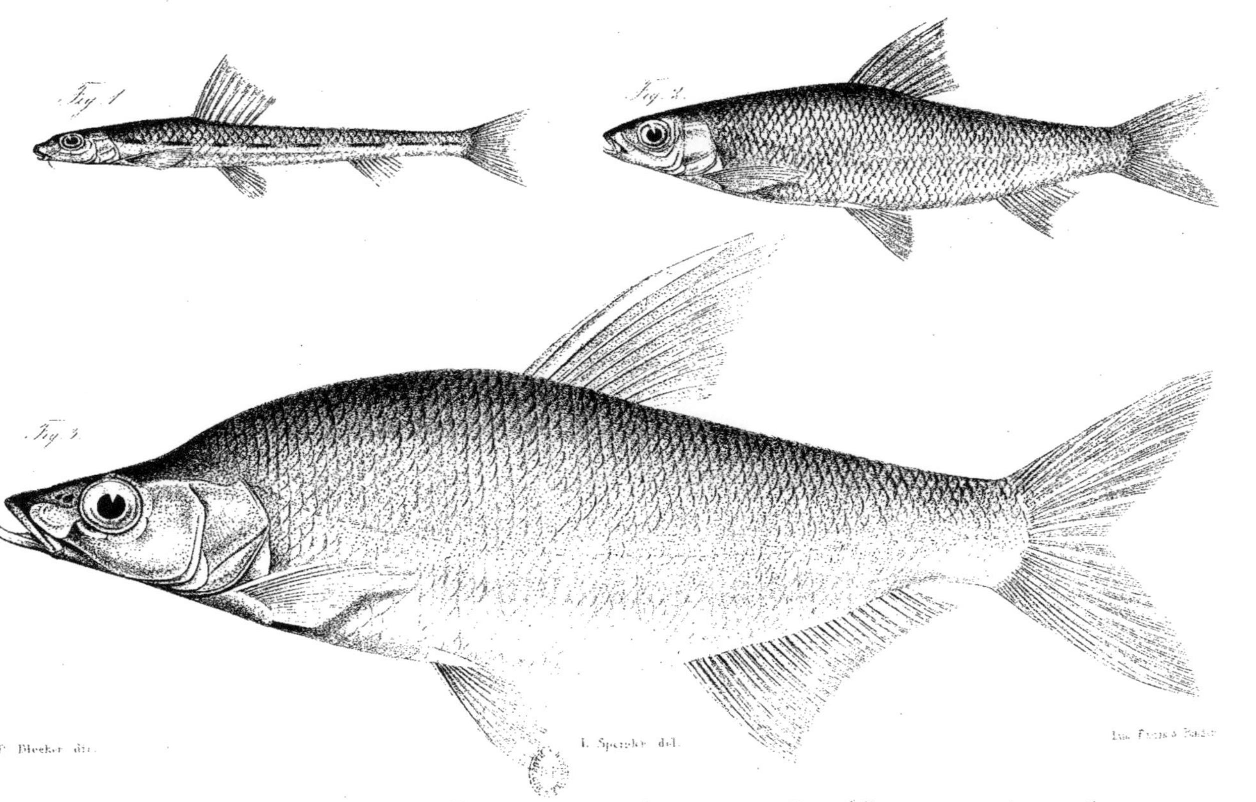

P. Bleeker dir. L. Speigler del. Lith.

Fig. 1. Saurogobio Dabryi Blkr. Fig. 2. Xenocypris macrolepis Blkr. Fig. 3. Culter oxycephalus Blkr.

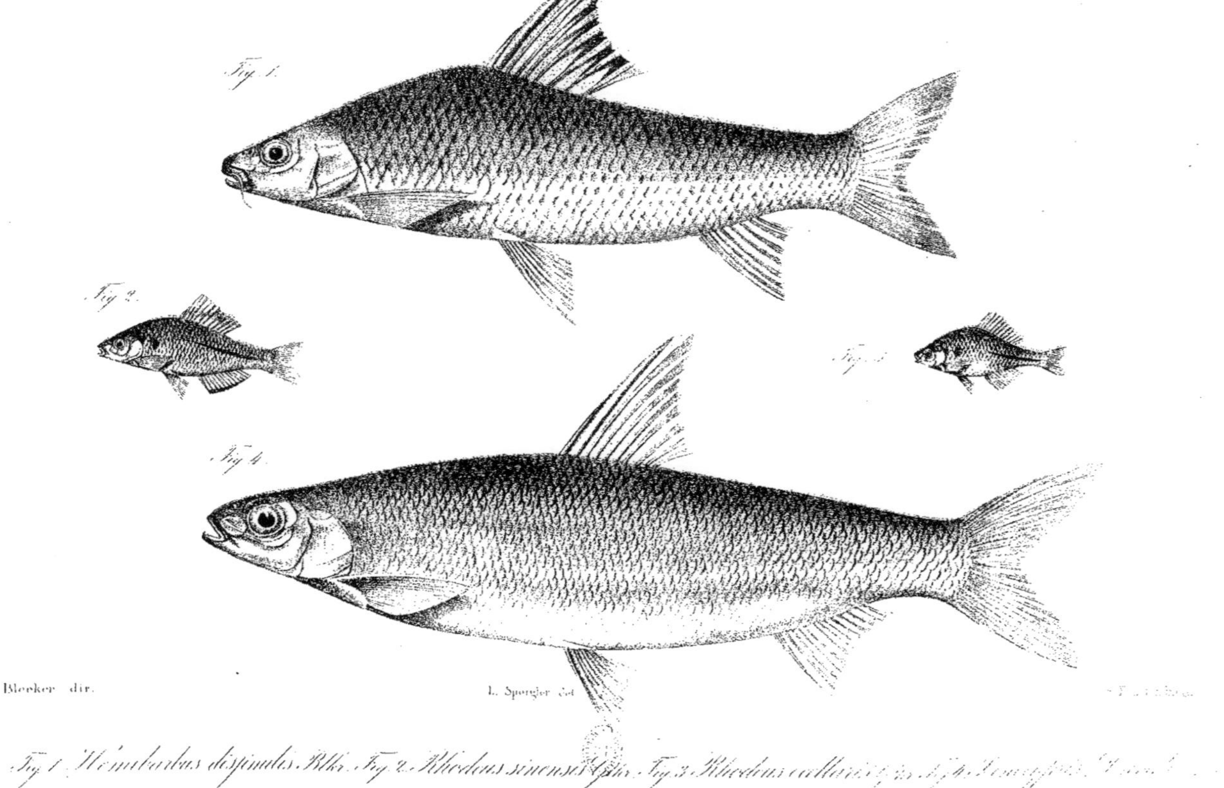

P. Bleeker dir. L. Spengler sc.

Fig. 1. Hemibarbus dissimilis Blkr. Fig. 2. Rhodeus sinensis Gthr. Fig. 3. Rhodeus ocellatus [illegible]

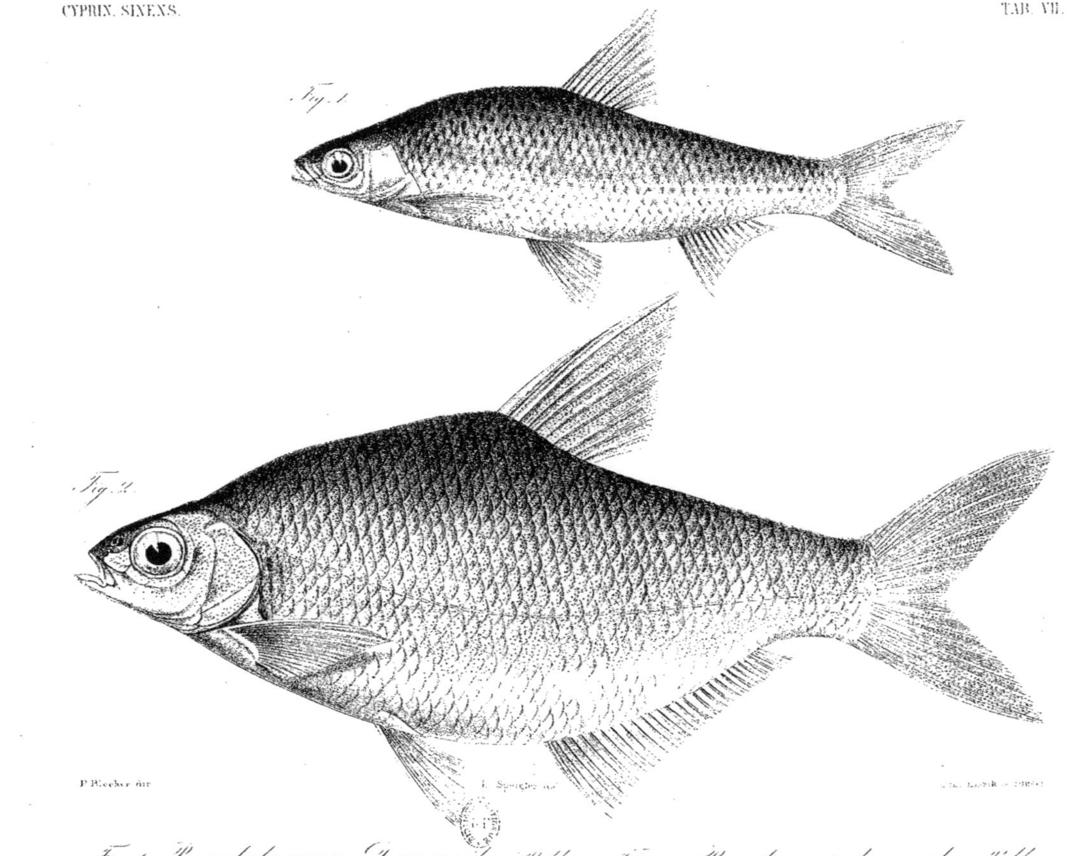

Fig. 1. Pseudobrama Dumerili Blkr. Fig. 2. Parabramis bramula Blkr.

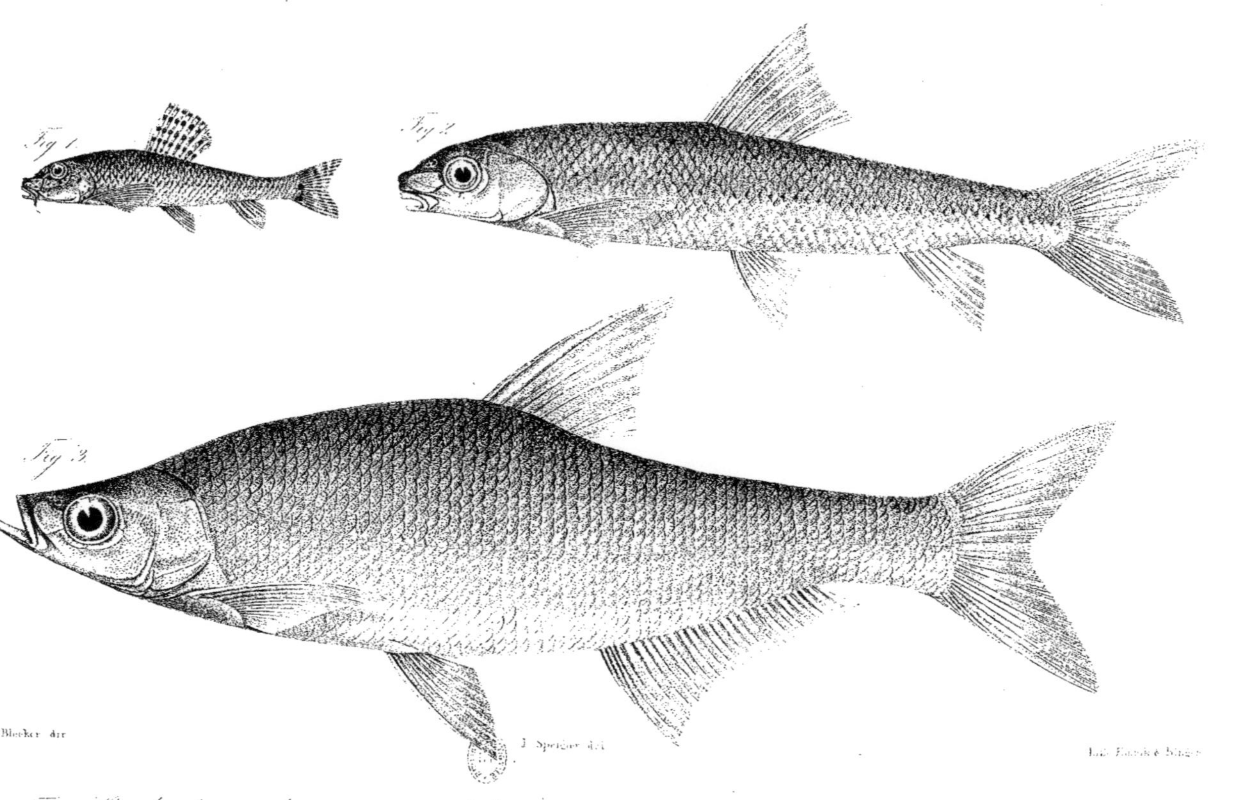

P. Bleeker dir. J. Speigler del. Lith. Emrik & Binger.

Fig. 1. Pseudogobio rivularis Blkr. Fig. 2. Gymnostomus macrolepis Blkr. Fig. 3. Culter hypselonotus Blkr.

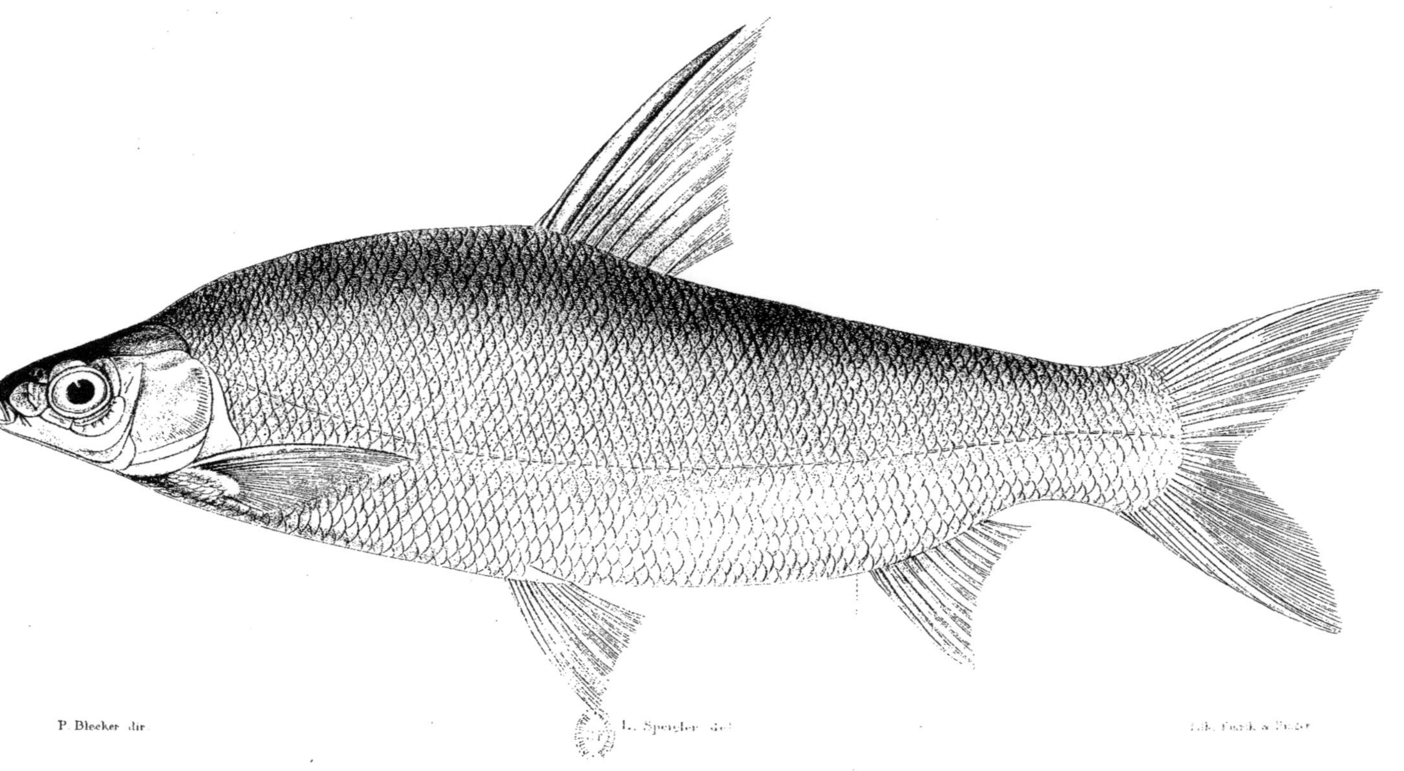

P. Bleeker dir. L. Speigler del. Lith. Emrik & Binger

Xenocypris microlepis Bkr.

Fig. 1.

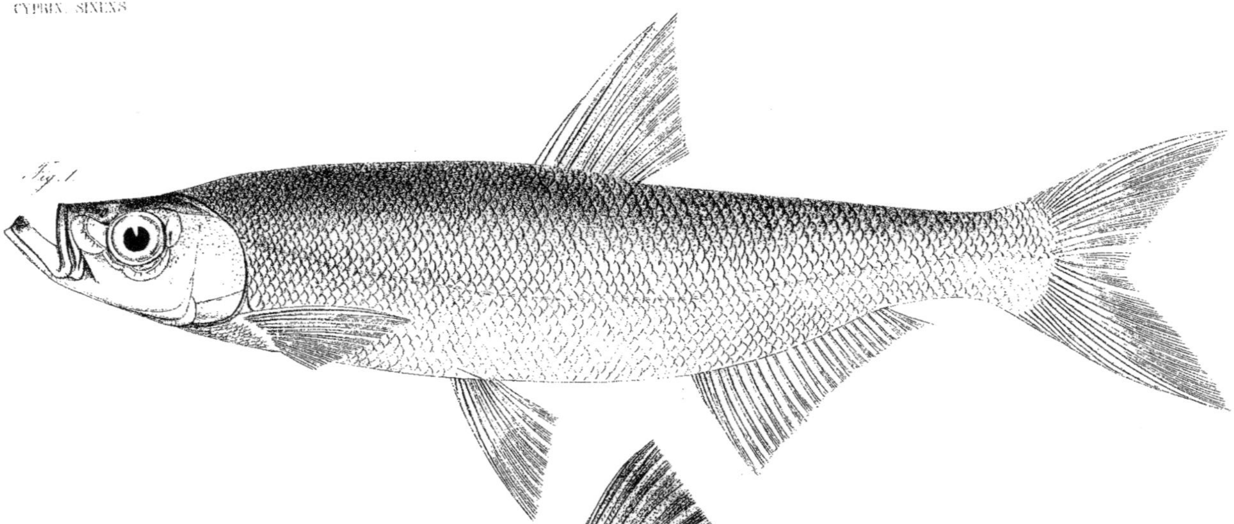

Fig. 2.

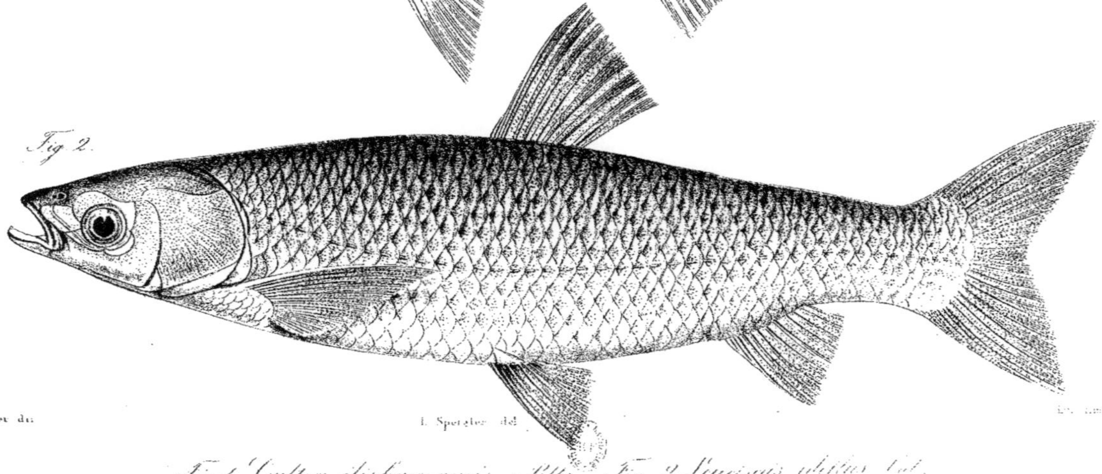

P. Bleeker dir. L. Speigler del. Lith. Emrik & Binger

Fig. 1. Culter ilishaeformis Blkr. Fig. 2. Leuciscus idellus Val.

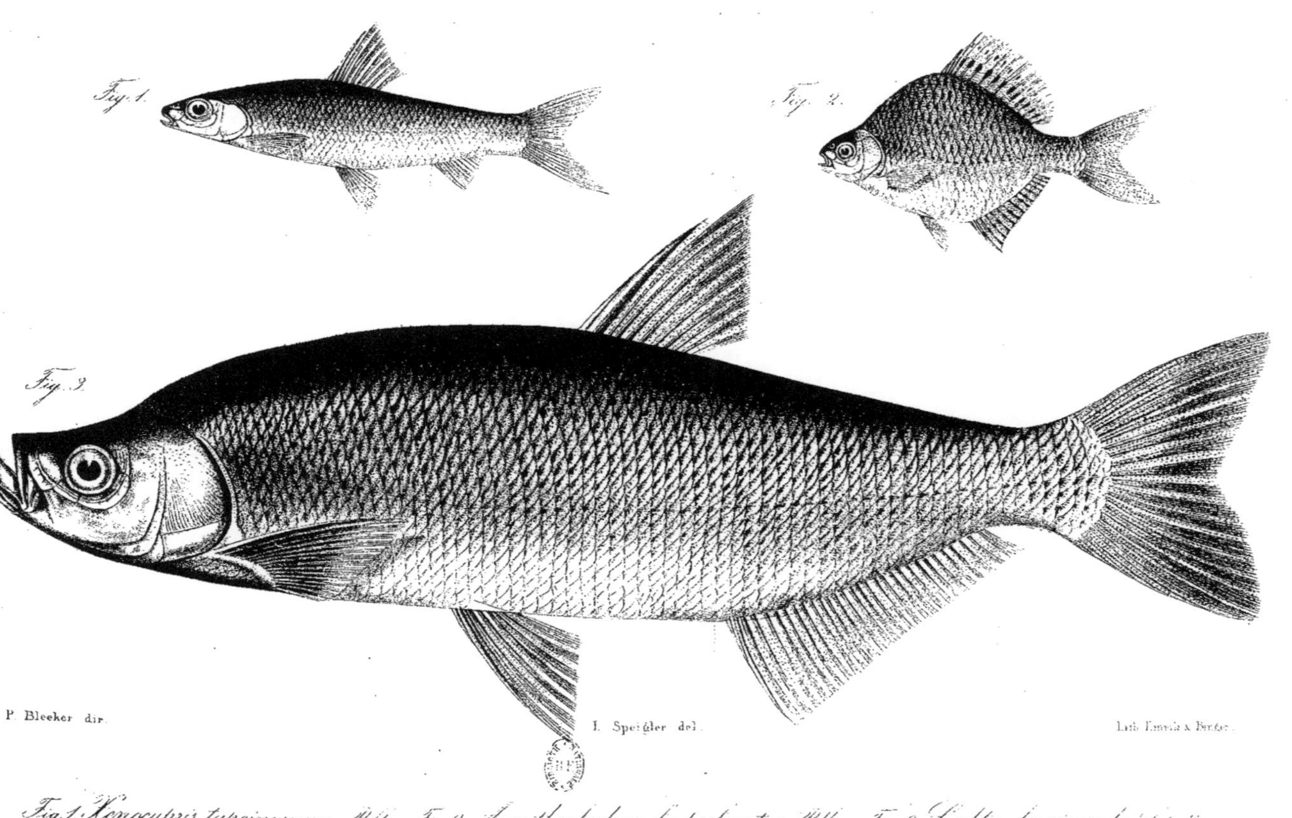

P. Bleeker dir. I. Speigler del. Lith. Emrik & Binger.

[library stamp]

Fig. 1. Xenocypris tapeinosoma Blkr. Fig. 2. Acanthorhodeus hypselonotus Blkr. Fig. 3. Culter brevicauda Günth.

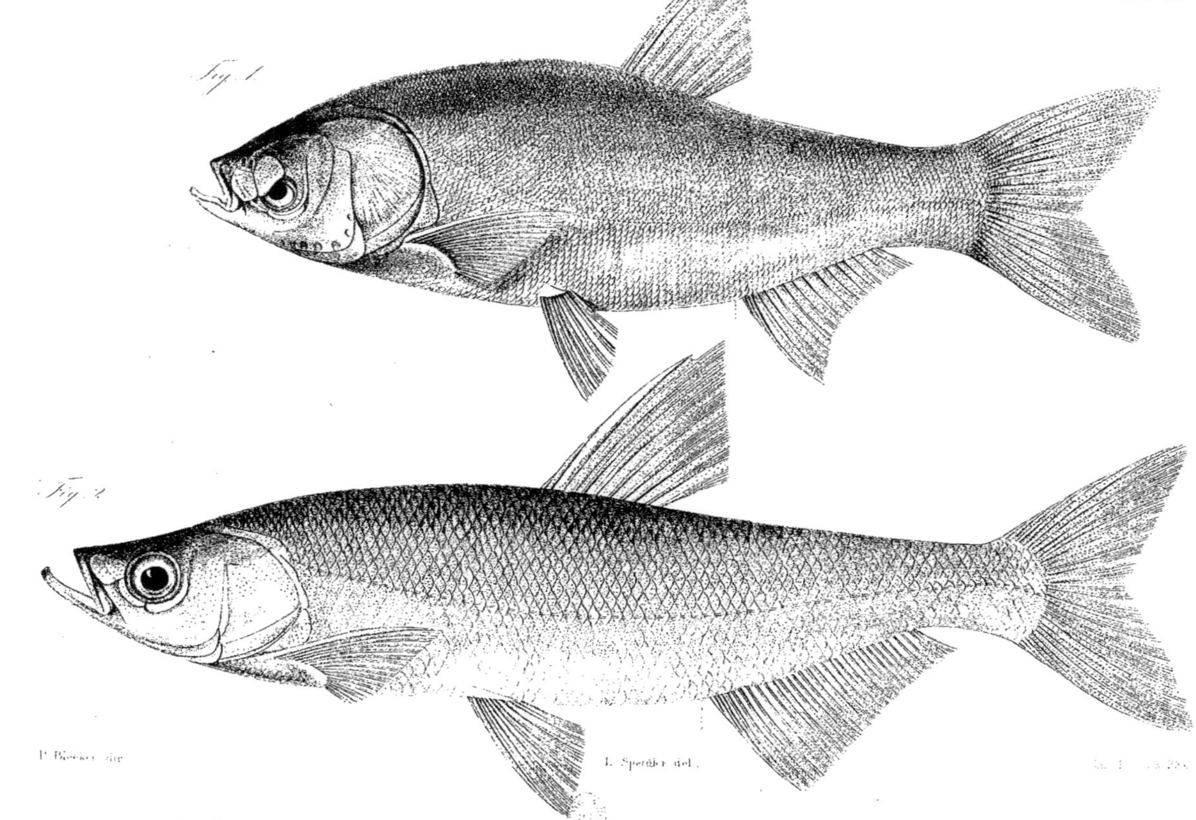

Fig. 1. Hypophthalmichthys molitrix Blkr. Fig. 2. Culter Dabryi Blkr.

Fig. 1.

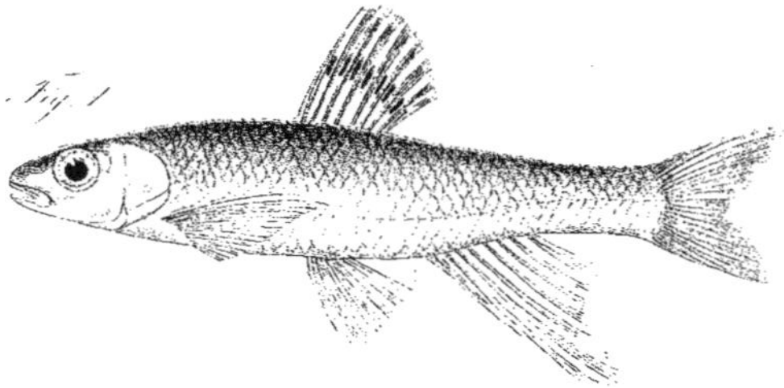

Fig. 2.

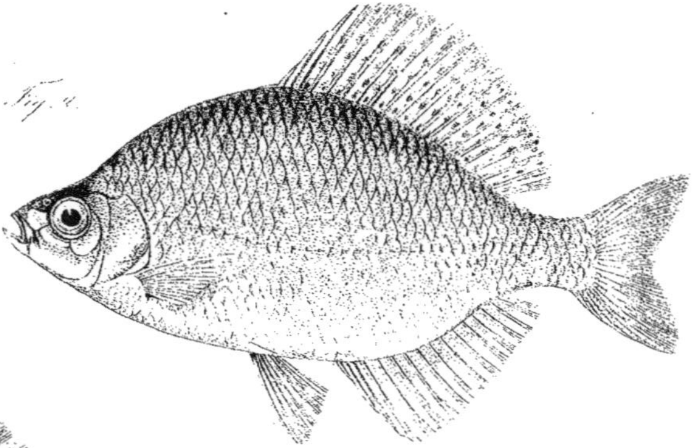

Fig. 3.

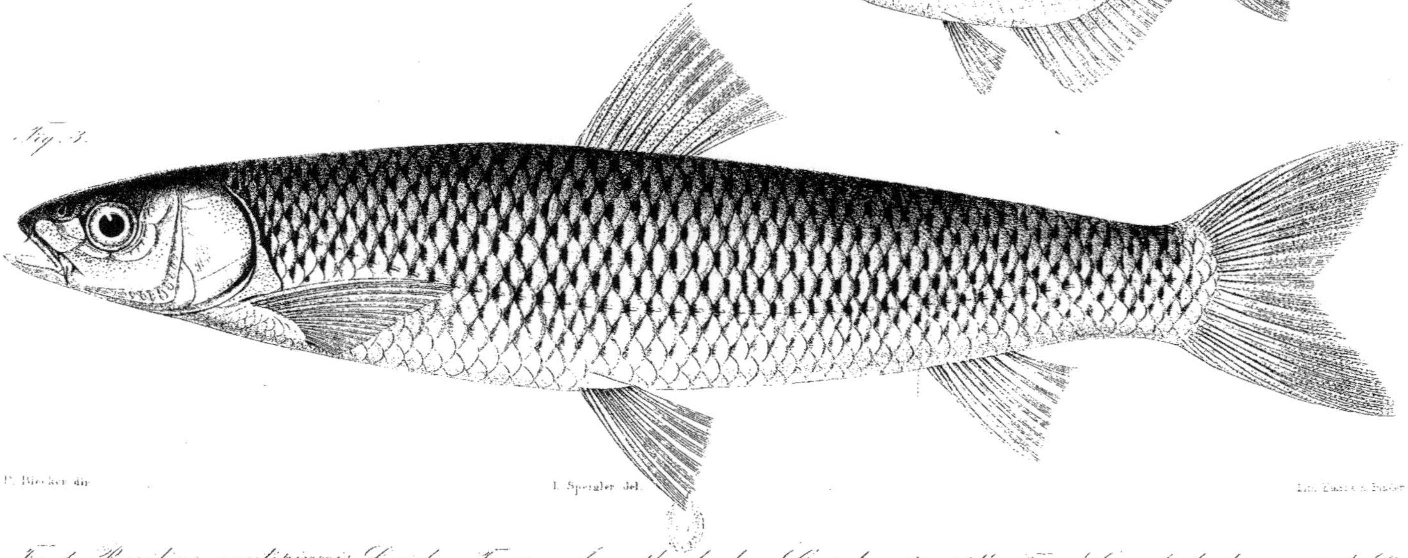

P. Bleeker dir. I. Spengler del. Lith. Emrik & Binger

Fig. 1. Barilius acutipinnis Guich. Fig. 2. Acanthorhodeus Guichenoti Blkr. Fig. 3. Squaliobarbus curriculus Günth.

J. Spengler sc.

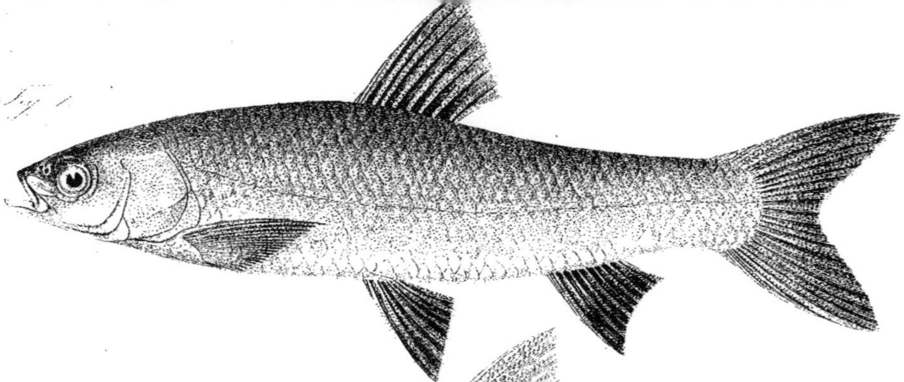

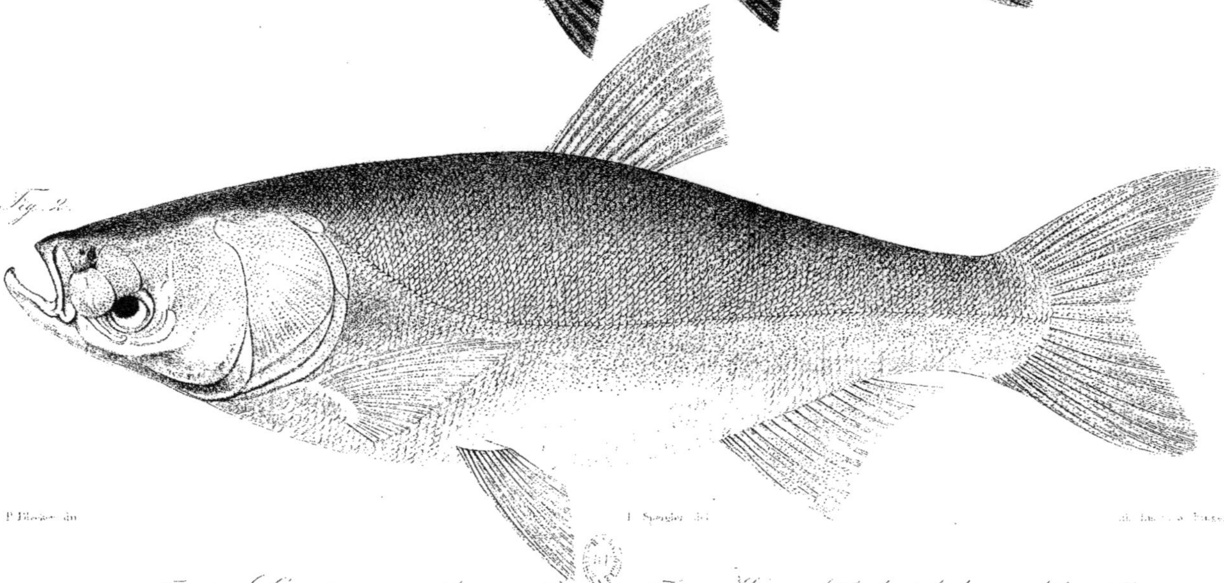

Fig. 1. Leuciscus aethiops Basil. Fig. 2. Hypophthalmichthys nobilis Rich.

www.ingramcontent.com/pod-product-compliance
Ingram Content Group UK Ltd.
Pitfield, Milton Keynes, MK11 3LW, UK
UKHW012045240726
13965UKWH00003B/1060

9 782013 410625